U0511664

电网企业生产人员技能提升培训教材

配电线路

国网江苏省电力有限公司
国网江苏省电力有限公司技能培训中心 组编

中国电力出版社
CHINA ELECTRIC POWER PRESS

内 容 提 要

为进一步促进电力从业人员职业能力的提升，国网江苏省电力有限公司和国网江苏省电力有限公司技能培训中心组织编写《电网企业生产人员技能提升培训教材》，以满足电力行业人才培养和教育培训的实际需求。

本分册为《配电线路》，内容分为五章，包括配电网精益管理、配电线路及设备运维、配电线路及设备检修、配电网新技术和案例分析。

本书可供从事配电线路专业相关技能人员、管理人员学习，也可供相关专业高校相关专业师生参考学习。

图书在版编目（CIP）数据

配电线路 / 国网江苏省电力有限公司，国网江苏省电力有限公司技能培训中心组编. —北京：中国电力出版社，2023.4（2023.9 重印）

电网企业生产人员技能提升培训教材

ISBN 978-7-5198-7236-6

Ⅰ. ①配… Ⅱ. ①国…②国… Ⅲ. ①配电线路–技术培训–教材 Ⅳ. ①TM726

中国版本图书馆 CIP 数据核字（2022）第 214399 号

出版发行：中国电力出版社
地　　址：北京市东城区北京站西街 19 号（邮政编码 100005）
网　　址：http://www.cepp.sgcc.com.cn
责任编辑：罗　艳（010-63412315）　高　芬
责任校对：黄　蓓　常燕昆
装帧设计：张俊霞
责任印制：石　雷

印　　刷：固安县铭成印刷有限公司
版　　次：2023 年 4 月第一版
印　　次：2023 年 9 月北京第二次印刷
开　　本：710 毫米×1000 毫米　16 开本
印　　张：14
字　　数：249 千字
印　　数：1501—2000 册
定　　价：89.00 元

本书编写组

主　　编　陈　曦　刘利国

副 主 编　周　磊　程力涵　田丰伟

编写人员　井　洋　卞昌浩　冯　潇　张海华　吕培强　周　侗
黄　亮　单　旭　苏伟伟　顾　韧　汤智超

序 Preface

技能是强国之基、立业之本。技能人才是支撑中国制造、中国创造的重要力量。党的二十大报告明确提出要深入实施人才强国战略，要加快建设国家战略人才力量，努力培养造就更多大师、战略科学家、一流科技领军人才和创新团队、青年科技人才、卓越工程师、大国工匠、高技能人才。习近平总书记也对技能人才工作多次作出重要指示，要求培养更多高素质技术技能人才、能工巧匠、大国工匠，为全面建设社会主义现代化国家提供坚强的人才保障。电力是国家能源安全和国民经济命脉的重要基础性产业，随着“双碳”目标的提出和新型电力系统建设的推进，持续加强技能人才队伍建设意义重大。

国网江苏电力始终坚持人才强企和创新驱动战略，持续深化“领头雁”人才培养品牌，创新构建五级核心人才成长路径，打造人才成长四类支撑平台，实施人才培养“三大工程”，建设两个智慧系统，打造一流人才队伍（即“54321”人才培养体系），不断拓展核心人才成长宽度、提升发展高度、加快成长速度，以核心人才成长发展引领员工队伍能力提升，形成人才脱颖而出、竞相涌现的良好氛围和发展生态。

近年来，国网江苏电力立足新发展阶段，贯彻新发展理念，紧跟电网发展趋势，紧贴生产现场实际，聚焦制约青年技能人才培养与管理体系建设的现实问题，遵循因材施教、以评促学、长效跟踪、智慧赋能、价值引领的理念，开展核心技能人才培养工作。同时，从制度办法、激励措施、平台通道等方面，为核心技能人才快速成长提供坚强保障，人才培养成效显著。

有总结才有进步，国网江苏电力根据核心技能人才培养管理的实践经验，组织行业专家编写《电网企业生产人员技能提升培训教材》（简称《教材》）。《教材》涵盖电力行业多个专业分册，以实际操作为主线，汇集了核心技能工作中的典型案例场景，具有针对性、实用性、可操作性等特点，对技能人员专业与管理的双提升具有重要指导价值。该书既可作为核心技能人才的培训教材，也可作为电力行业一般技能人员的参考资料。

本《教材》的编写与出版是一项系统工作，凝聚了全行业专家的经验和智慧，希望《教材》的出版可以推动技能人员专业能力提升，助力高素质技能人才队伍建设，筑牢公司高质量发展根基，为新型电力系统建设和电力改革创新发展提供坚强的人才保障。

编委会

2022 年 12 月

前　言 Foreword

为加强一线现场青年技能员工技能水平，系统提升其知识理论体系，培养懂得技术原理，精于专业技能，通晓管理理念，善于总结反思，会表达协调团队的复合青年工匠人才，国网江苏省电力有限公司技能培训中心编写针对工作2～6年的青年技能人才，梳理该工作时间段的员工亟须的专业知识与技能，梳理配电专业运维检修的知识和技能，深入剖析设备检修工作要点，开发配电专业运维检修培训教程，力求为生产一线输送优秀的技能人才。

本书共分五章，第一章介绍配网精益管理主要内容，从全业务核心班组技能要求、全寿命周期管理、精益化数字管控、配电网指标解读4个角度展开介绍；第二章阐述配电线路及设备巡视、倒闸操作、常用检测技术、缺陷管理等内容；第三章阐述配电架空线、配电变压器、配电柱上开关及附属设施检修作业内容；第四章介绍当前与配电网联系紧密的分布式并网监控新技术、柔性直流配电网技术、无人机巡检技术等；第五章通过实际案例对仪器使用、设备故障进行介绍。

本书经过对江苏省内配电专业从业人家深度调研，结合当前配电线路专业培训情况，经过总结和分析，凝练可借鉴的经验，保证了教材的针对性和实用性；从2～6年青年技能人才技能水平为基础，以全业务核心班组技能要求为核心，结合精益管理要求，系统总结了配电线路及设备运维、检修作业技术、方法和优秀案例，同时兼顾配电网无人机、分布式发电、柔性配电网等新技术，使读者快速了解配电线路及设备运维检修技术的主要内容，同时为新技术应用导向。

教材编写启动以后，编写组严谨工作，多次探讨，整个编写过程中，凝结编写组专家和广大电力工作者的智慧，以期能够准确表达技术规范和标准要求，为电力工作者的配电专业工作提供参考。但电力行业不断发展，配电专业培训内容繁杂，书中所写的内容可能存在一定的偏差，恳请读者谅解，并衷心希望读者提出宝贵的意见。

编　者

2022 年 11 月

目　录 Contents

习题答案

第一章

配电网精益管理

第一节　全业务核心班组技能要求

学习目标

1. 掌握全业务核心班组的建设背景
2. 掌握建设配电网全业务核心班组的技能要求
3. 掌握配电网全业务核心班组的运检设备配备要求

知 识 点

一、全业务核心班组建设背景

（1）“双碳”目标落地对电网安全运行带来新挑战。班组的核心业务能力直接关系设备及电网安全，亟须强化核心班组人员配置，提升业务能力，夯实新型电力系统安全基础。

（2）“一体四翼”布局将人才资源定位提到新高度。班组是设备运检管理的基础单元，核心班组的建设为推动产业升级和高质量发展，激活人才“第一资源”，推动设备运检事业基业长青、健康发展筑牢根基。

（3）现代设备管理体系建设引领班组发展新方向。班组作为设备运检的主人，需要深度介入设备管理全过程，完善班组核心业务自主实施能力，升级装备技术手段，提升班组信息化、数字化水平，是落实国网特色现代设备管理体系的必经之路。

二、配电网全业务核心班组建设总体思路与基本原则

（一）总体思路

以国家电网有限公司（简称国网公司）战略目标为指引，围绕“一体四翼”发展布局和现代设备管理体系建设，聚焦电网本质安全效能，聚焦高质量创新发展，聚焦核心竞争力提升，坚持问题导向、需求导向、结果导向，深入落实设备运检核心业务自主实施要求，夯实设备运检核心业务能力回归基础，聚焦核心业务自主实施和外包业务管控提升两大核心，完善业务技能、人员装备、数字化转型、关心关爱思想支撑，落实组织、制度、人才、资金四重保障，全面提升核心竞争力，推动班组由“作业执行单元”向“价值创造单元”转变，确保班组核心业务“自己干”“干的精”，常规业务和其他业务“干的了”“管的住”，支撑战略目标落地。

（二）基本原则

（1）战略引领，责任落实。以国网公司战略目标为引领，聚焦“一体四翼”发展布局，明确建设的重要性与必要性，强化责任落实，全面推进设备运检全业务核心班组建设。

（2）因地制宜，按需施策。落实“放管服”要求，依据设备运检业务需求，优化运检业务自主实施策略，省公司着重部门协同、方案制订，市公司着重意识强化、能力培养，班组着重制度执行、技能提升，确保电网安全与公司效益双提升。

（3）试点先行，稳步推进。综合电网发展、安全生产、队伍建设、能力水平等现状，制订全业务核心班组建设自主实施计划，试点先行、有序推进，推动核心业务全面覆盖。

（4）问题导向，创新创效。统筹技术、人才与装备资源，着力解决影响班组质效的突出问题，加强新技术、新装备应用，加快设备运检数字化转型，持续推进班组赋能减负，全面提升作业安全质量和效率。

三、配电网全业务核心班组配置及技能要求

配电网全业务核心班组，即实际从事配电网设备运检类工作，且具备配电专业核心业务自主实施能力或业务外包管控能力的班组。配电专业包含配电运检、配电网不停电作业、自动化主站运检 3 类业务班组，配电班组（供电所）

运检、不停电作业、自动化等 10 类业务类别，涉及业务内容 52 项，按照班组类别划分，配电运检班 38 项，配电网不停电作业班 7 项，自动化主站运检班 7 项。

（一）配电运检班

1. 生产准备和设备验收

（1）具备生产前期运行规程编制等生产准备能力。

（2）具备生产前期图模维护能力。

（3）具备新、改、扩建工程土建和电气验收及关键环节管控能力，能开展安全、质量监督检查工作。

2. 设备运维

（1）开展定期巡视、特殊巡视、夜间巡视，对所辖配电网设备、附属设施及通道进行巡视与检查，具备全面掌握配电网设备运行状况的能力。

（2）具备配电相关设备诊断性试验、带电检测的能力。

（3）具备依据巡视检查、带电检测、在线监测、停电试验等检测结果进行数据分析、报告复核及诊断分析能力，能对设备运行状态进行分析、评价。

（4）具备缺陷定级分析、消缺策略制订、闭环消除缺陷能力。

（5）具备配电线路及通道隐患排查治理能力。

（6）能有效落实风险预控措施、隐患整治计划。

（7）具备倒闸操作、工作许可、监护等能力。

（8）具备应用各类信息化手段，做好投运前信息、运行信息、检修试验信息的规范化、标准化的资料管理能力。

（9）具备提出配电网设备改造需求的能力，具备配电网项目和业扩项目方案编制、确定和设计审查的能力。

（10）具备登杆作业能力。

（11）具备配电架空线路、电缆、设备台账管理及数据审查管理能力。

（12）具备配电架空线路、电缆、设备台账数据各类系统间信息一致性校对能力。

（13）具备资料台账归档整理能力。

3. 设备检修

（1）具备停电计划平衡审核，停电时户数和时长管控能力。

（2）具备架空线路杆塔、导地线更换，柱上设备整体及主要部件更换，变压器、开关柜等整体及主要零部件更换处理等 A、B、C、D 类检修能力。

（3）具备中压线路设备故障巡视能力。

（4）具备中压线路复电方案编制、设备故障隔离和紧急处置的能力，能够开展中低压配电网设备抢修，有效落实95598抢修工单现场处理工作。

（5）具备接收各类运维、检修、消缺工单并派发至网格驻点人员的能力。

4. 电缆运检

（1）开展定期巡视、特殊巡视，对配电电缆本体、附件、附属设备、附属设施及通道进行巡视与检查，具备全面掌握配电网设备运行状况的能力。

（2）具备配电电缆例行试验、诊断性试验、带电检测的能力。

（3）具备依据巡视检查、带电检测、在线监测、停电试验等检测结果，进行数据分析、报告复核及诊断分析能力，能够精确评价电缆状态。

（4）具备缺陷定级分析、消缺策略制订、闭关消除缺陷能力。

（5）具备配电电缆及通道隐患排查治理能力。

（6）具备有效落实风险预控措施、隐患整治计划的能力。

（7）具备配电电缆整段更换、电缆终端头和中间接头加装或更换等A、B、C、D类检修能力。

（8）具备配电电缆故障精确定位的能力。

（9）具备配电电缆、设备台账管理、数据审查管理能力。

（10）具备各类数字系统间配电架空线路、电缆、设备台账数据信息一致性校对能力。

（11）具备资料台账归档整理能力。

5. 配电自动化终端运检

（1）具备馈线终端（FTU）、站所终端（DTU）、台区智能融合终端、低压配电物联网设备等各类配电自动化终端设备功能测试、主站联调、投运验收等能力。

（2）具备在各类配电自动化终端巡视过程中，发现缺陷隐患和缺陷能力，能够开展各类配电自动化终端设备新增、异动、退役等基础数据维护。

（3）具备各类配电自动化终端设备隐患缺陷排查、试验检测、检修处置能力。具备各类配电自动化终端设备及附属装置故障处置能力，能够开展终端维修、更换、退运等工作。

（4）具备各类配电自动化终端设备网络安全攻击风险识别、安全加固能力，能够在攻击发生后开展应急处置工作。

6. 安全管控

具备外包业务安全管控能力，能够审查施工组织措施、安全措施、文明施工措施和施工技术方案，能够进行队伍、人员准入审查及安全交底。

（二）配电网不停电作业班

1. 配电网不停电作业

（1）具备编制每类作业项目现场操作规程、标准化作业指导书（卡）的能力。

（2）具备进行现场勘察，确认是否具备作业条件，审定作业方法、安全措施和人员、工器具及车辆配置的能力。

（3）具备工具装备、车辆及库房、人员台账等基础数据维护的能力。

（4）具备配电网不停电作业工器具、装置和设备的试验及安全质量评估能力。

（5）具备 10、0.4kV 不停电作业断接引流线等常规作业项目独立实施的能力。

（6）具备开展大型、复杂项目 10kV 不停电作业全过程管控的能力。

2. 安全管控

具备外包业务安全管控能力，能够审查施工“三措一案”，能够进行队伍、人员准入审查及安全交底。

（三）自动化主站运检班

1. 自动化主站运检

（1）具备根据配电自动化主站相关标准规范，开展配电自动化系统建设阶段设计审查、功能测试、过程管控、主站验收等能力。

（2）具备主站图模数据维护和运行数据、运行状态分析能力，能够开展主站运维检修、软硬件升级、异常应对、消缺等工作。

（3）具备主站改造、接口开发等能力，能够分析研判数据交互情况并及时消除缺陷异常。

（4）具备主站系统网络安全防护能力，能够对网络攻击、系统异常等情况进行应急处置。

2. 安全管控

（1）具备外包业务安全管控能力，能够审查主站运维检修工作“三措一案”，能够进行队伍、人员准入审查及安全交底。

（2）具备主站图模数据维护和运行数据、运行状态分析能力，能够开展主站运维检修、软硬件升级、异常应对、消缺等工作。

四、配电网全业务核心班组运检装备配置

1. 无人机等远程巡视设备

以运检网格为单位，依据设备体量配置1～2套，用以进行中压线路、设备本体巡视，无人机、智能机器人、远程视频监控巡视工作。

2. 超声波局部放电探测仪、10（20）kV交流耐压试验设备

以运检网格为单位，依据设备体量配置1～2套，用以进行设备停电检修、故障抢修的局部放电、耐压、绝缘等诊断性试验工作。

3. 电缆振荡波、介质损耗、超低频三合一测试仪

以运检网格为单位，配置1套，用以进行设备检修、故障抢修的局部放电、耐压、绝缘、介质损耗等诊断性试验工作。

4. 电缆故障探测仪、管线定位仪、电缆识别仪、电缆路径探测仪

以运检网格为单位，配置1套，用以进行配电电缆故障精确定位、故障隔离工作。

5. 带电作业机器人

以运检网格为单位，配置1套，用以进行带电故障抢修。

习 题

1. 单选：下列关于建设配电网全业务核心班组总体思路中描述错误的是（　　）

A. 夯实设备运检核心业务能力回归基础

B. 聚焦核心业务外包实施和自主业务管控提升两大核心

C. 完善业务技能、人员装备、数字化转型、关心关爱思想支撑

D. 落实组织、制度、人才、资金四重保障

2. 多选：下列属于建设配电网全业务核心班组基本原则的是（　　）

A. 战略引领，责任落实　　B. 因地制宜，按需施策

C. 试点先行，稳步推进　　D. 问题导向，创新创效

3. 多选：下列属于配电全业务核心班组的是（　　）

A. 配电运检班　　B. 配电网不停电作业班

C. 配电网工程班　　D. 自动化主站运检班

4. 单选：下列不属于配电运检班设备运维类核心业务能力要求的是（　　）

A. 具备缺陷定级分析、消缺策略制订、闭环消除缺陷能力

B. 具备倒闸操作、工作许可、监护等能力

C. 具备工具装备、车辆及库房、人员台账等基础数据维护的能力

D. 具备应用各类信息化手段，做好投运前信息、运行信息、检修试验信息的规范化、标准化的资料管理能力

5. 单选：下列不属于配电全业务核心班组应补充配置的运检装备的是（　　）

A. 无人机

B. 电缆振荡波、介质损耗、超低频三合一测试仪

C. 继保仪

D. 带电作业机器人

第二节　配电网设备全寿命周期管理

学习目标

1. 掌握配电网设备全寿命周期管理的概念
2. 掌握配电网设备全寿命周期管理的流程
3. 掌握配电网设备全寿命周期费用的构成
4. 掌握配电网设备全寿命周期成本计算模型

知 识 点

设备全寿命周期管理是指从系统整体目标出发，实现对设备从规划、采购、运行到退役等各个阶段全面系统的管理和优化，及时准确地掌握设备的状况，提升企业设备的利用效率和经济效益，为供电企业设备管理提供了有力支持。

一、配电网设备全寿命周期管理的概念

配电网设备全寿命周期管理是指对配电网设备从规划、采购、分配、使用、运行维护、改造到报废等全寿命过程进行计划、组织、协调和控制，并向设备理人员提供智能决策支持，从而为决策人员提供全面的设备管理解决方案。供电企业开展设备全寿命周期管理可以及时准确地掌握设备的变化，最大程度地降低设备维护检修成本，延长设备寿命，提高设备利用率和管理水平。

设备全寿命周期管理理论的核心思想是全过程、集成化、信息化，它主张把设备寿命的各个阶段看成是相互关联的、而非孤立存在的过程，按照设备寿命周期的运行规律来准确监控和反映设备的动态变化，对设备整个生命过程中的信息进行跟踪和记录，建立统一数据库，将设备生命周期内各个环节产生的数据串起来，形成设备从申请采购到报废整个过程的闭环管理，动态调整和维护企业中的每个设备的当前状态和历史变更信息。

二、配电网设备全寿命周期管理的流程

配电网设备全寿命周期管理的主要流程如图 1-1 所示。由图 1-1 中可以看出，设备的全寿命周期管理主要包括设备规划、采购、投运、运行维护、改造、报废等阶段。

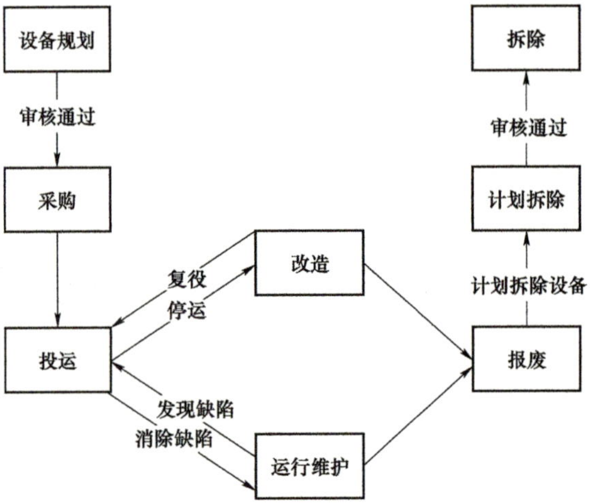

图 1-1　配电网设备全寿命周期管理的流程

设备的全寿命周期管理从整体优化的角度，把设备寿命周期的各个阶段有机地结合起来，充分发挥各阶段在全过程中的机能作用。在设备的规划、设计阶段就应考虑其可靠性及维修方面的要求，以便在设备使用、维护阶段减少故障率及维修停电时间，提高有效利用率。设备生命周期中的前期（设计、制造阶段）与后期（使用、维修、再利用阶段）之间必须建立有效的信息渠道，由设备使用部门将使用过程中发现的有关质量、性能、消耗等方面的信息反馈给设计、制造部门，进一步改进设计，提高质量。设计、制造部门也应向用户提供使用、维修方面的信息，帮助用户正确使用设备，降低维修费用。从设备的整个寿命周期管理流程可以看出，电力企业从规划阶段就要考虑设备的整个寿

命周期，从全局出发，对整个过程进行集成管理和监督。

设备全寿命周期管理中各环节之间的相互依存关系表现在：设备规划直接影响到设备的寿命周期管理费用以及技术、经济性能，还将影响设备维修方面的需求及设备的使用年限、设备更新的时机等；设备采购方式及成本对设备维修的计划及维修方式的选择有重要的影响；设备的合理配置投运有利于生产组织、生产计划安排及设备的合理使用，从降低维修费用的观点出发，设备的合理配置也有着重要意义；设备使用维护的效果将直接关系到设备退役及更新时机；进行设备规划时即应考虑到旧设备及零部件经改造或改装后继续利用的可能性。

在以上流程关系中，设备规划和设备使用，设备规划和设备维护，设备维护和设备改造以及设备改造与设备退役、再利用之间的关系对设备全寿命周期管理有着特别重要的意义。

三、配电网设备 LCC 的概念

设备全寿命周期成本（Life Cycle Cost，LCC）是指从电力设备的整个寿命周期出发，全面考虑设备在规划、制造、购置、安装、运行、维修、更新、改造，直至报废的全过程中，一共所需支出费用的总和，它往往数倍于设备购置费用。

配电网设备全寿命周期管理研究实质上是LCC理论在配电网设备管理上的应用。配电网设备全寿命周期管理是以设备的全寿命周期内各个环节为研究对象，以全寿命周期经济效益最优为研究目标，从系统的整体目标出发，统筹考虑配电网设备的规划、设计、采购、建设、运行、检修、技改、报废的全过程，在满足安全、效能、环保的前提下，追求效益全寿命周期成本最优，实现系统优化管理的科学方法。

当采用配电网设备寿命周期费用作为评价设备投资效益的指标时，追求寿命周期费用最小化，不能单纯考虑一个阶段的经济性，应着眼于设备全过程的合理性。在追求电力设备寿命周期费用最小的基础上，考虑设备的状态检修要比仅仅根据寿命预测、状态监测、可靠性分析来开展状态检修更加合理，也更加符合客观实际。

四、资金的时间价值

在电力系统中，由于大多数设备的寿命周期往往比较长，因此，在使用全寿命周期成本法对设备的投资方案进行分析时，必须考虑资金的时间价值。资金在周转过程中由于时间因素而形成的差额价值称为资金的时间价值，表现为资金所有者所获得的利息。由于资金时间价值的存在，当等额资金发生在不同时刻时，其实际价值是不相等的。因此，不同时间点上的现金流是不能直接加以比较的。全寿命周期费用分析中估算所得的各项费用，因为发生时间不同，而不能直接相加，需要将各项费用都折算到某个标准时刻时才具有可比性。为了使经济方案的评价和选择更切合实际，需要考虑资金的时间价值。

在经济分析中，资金的时间价值可用以下三种方法来表示：

1. 现值 P

把不同时刻的资金换算为当前时刻的金额，此金额称为现值。这种换算称为贴现计算，现值也称为贴现值。

2. 将来值 F

把资金换算为将来某一时刻的等效金额，此金额称为将来值。资金的将来值有时也叫终值。

现值和将来值都是一次支付性质的。

3. 等年值 A

把资金换算为按期等额支付的金额，通常每期为一年，故此金额称等年值。资金的现值 P 发生在第一年初，将来值 F 发生在最后一年末，等年值 A 则发生在每年的年底。

在上述费用计算中，需要将资金转换到某一标准时刻，以实现比较分析。设 i 为贴现率，n 为设备使用寿命，则现值 P、等年值 A、将来值 F 的关系如下：

将来值 F 与现值 P 的关系为

$$F = P(1+i)^n \tag{1-1}$$

由将来值 F 求现值 P 的计算称为贴现计算，其关系为

$$P = \frac{F}{(1+i)^n} \tag{1-2}$$

由等年值 A 求将来值 F 的计算称为等年值本利和计算。当等额现金流 A 发生在从 $t=1$ 到 $t=n$ 年的每年年末时，则在第 n 年末的将来值 F 等于这 n 个现金流中每个 A 值的将来值的总和，即

$$F = A + A(1+i) + A(1+i)^2 + A(1+i)^3 + \cdots + A(1+i)^{n-1} \tag{1-3}$$

从而

$$F = A\frac{(1+i)^n - 1}{i} \tag{1-4}$$

由将来值 F 求等年值 A 的计算称为偿还基金计算。其关系为

$$A=F\frac{i}{(1+i)^n-1} \tag{1-5}$$

由等年值 A 求现值 P 的计算称为等年值的现值计算。其关系为

$$P=A\frac{(1+i)^n-1}{i(1+i)^n} \tag{1-6}$$

由现值 P 求等年值 A 的计算叫做资金回收计算。其关系为

$$A=P\frac{i(1+i)^n}{(1+i)^n-1} \tag{1-7}$$

由于设备使用寿命可能不同，故采用等年值法避免了设备寿命长短差异带来的影响。

五、配电网设备 LCC 费用构成

从设备 LCC 的含义可以看出，配电网设备 LCC 的计算和分析与其他类型设备的分析类似，从设备寿命周期费用的角度出发，在模拟设备运行过程的基础上进行现金流预测，考虑资金的时间价值，对设备进行寿命周期费用分析，并以此作为投资方案选择的依据。

本节所述的配电网设备包括配电变压器、电缆线路、架空线路、开闭所以及柱上开关等。配电网设备 LCC 的构成如图 1-2 所示。

1. 设备投资成本

设备投资成本包括设备购置费、安装试验工程费、建设期贷款和其他费用，发生在设备寿命周期初期，属于一次性投入。

设备购置费包括设备原值、现场服务费、备品备件费和设备运杂费等。

安装试验工程费包括人工费、机械台班费、材料费和运行人员培训费等，其中人工费里还包括冬雨季施工增加费、夜间施工增加费、施工工具用具使用费、特殊工程技术培训费、特殊地区施工增加费和临时设施费和现场管理费等费用。

其他费用包括建设场地征用及清理费（建设场地征用费、旧有设施迁移补偿费和余物拆除清理费）、环保投入等。

2. 设备运维成本

供应商向电力企业交接电力设备，完成检验、安装调试等工作后，即进入设备运行维护阶段，设备运维成本是设备的二次投入或后续投入。

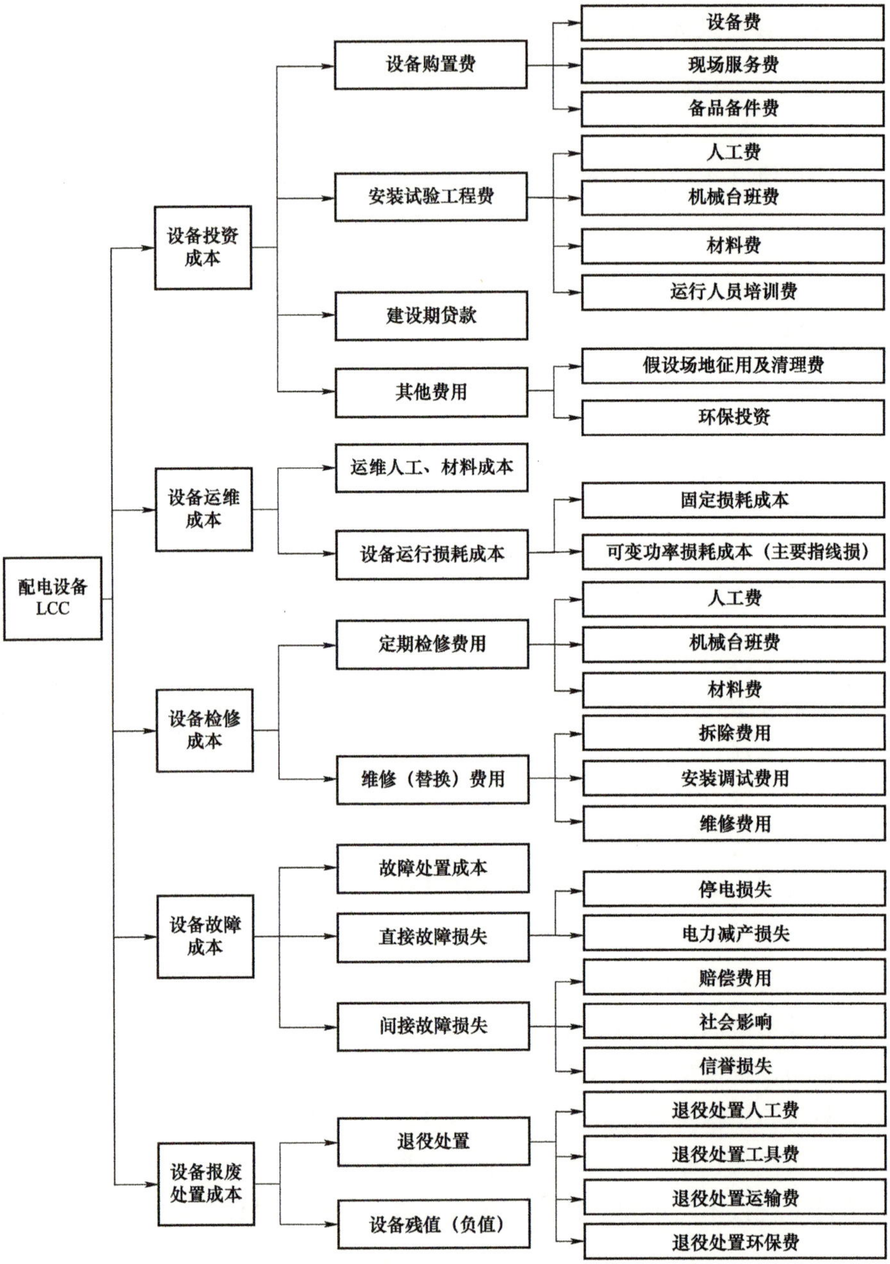

图 1–2　配电网设备 LCC 的构成

设备运维成本包括设备年度内的运维人工、材料成本，以及资产年度运行过程中产生的运行损耗成本。

3. 设备检修成本

设备年度内定期检修费（含试验成本），以及维修（替换）费。

4. 设备故障成本

设备故障成本是指运行期间发生各类故障所需要的故障处理费用，以及引发对外停电或影响电厂发电导致的直接故障成本以及间接故障成本。

故障处置费主要指设备故障抢修人工、材料、机械台班成本。

直接故障损失指由于停电造成电力公司盈利减少，其中停电损失贯穿于整个设备周期内。

间接故障损失指由于停电对社会造成的影响。

5. 设备报废处置成本

设备报废处置成本是指设备在寿命周期结束后拆解、回收、废弃物排放等处理成本，包括拆除人工费、运输费、环保费、工具费，并减去设备退役残值的总成本费用。

不同类型、用途的产品报废费用不一样，有些可以产生一定数量的残值收入，用以冲销有关费用，如设备的正常报废；而有些不仅不能产生任何残值收入，还需要花费大量的资金用于其报废和清理。

六、配电网设备 LCC 计算模型

配电网设备全寿命周期成本（LCC）模型为

$$LCC = C_{\mathrm{I}} + C_{\mathrm{O}} + C_{\mathrm{M}} + C_{\mathrm{F}} + C_{\mathrm{D}} \tag{1-8}$$

式中 LCC——设备全寿命周期成本；

C_{I}——设备投资成本；

C_{O}——设备运维成本；

C_{M}——设备检修成本；

C_{F}——设备故障成本；

C_{D}——设备报废处置成本。

1. 设备投资成本 C_{I}

由于设备投资费用发生在寿命周期初期，属于资金时间价值中的现值，则根据资金时间价值，转化为等年值为

$$C_{\mathrm{I}} = \frac{C_{\mathrm{IA}}(1+i)^n i}{(1+i)^n - 1} \tag{1-9}$$

式中 C_{IA}——设备投资费用；

n——设备使用寿命，年；

i——贴现率。

2. 设备运维成本 C_O

（1）运维人工、材料成本 C_P。设备在运行中需要定期的巡视检查、停电清扫检查以及季节性的运行检查（包括反污工作、防雷、防汛、防风、迎峰、去树、防鸟害等），因此就会产生相应的人工成本，以及机械台班和材料成本。即

$$C_P = N_P \times H_{PY} \times C_h \times C_m \tag{1-10}$$

式中 N_P——运行人员数量；

H_{PY}——年工时；

C_h——工时成本；

C_m——材料成本。

（2）设备运行损耗成本 C_L。设备运行损耗费主要指设备在运行过程中因功率损耗产生的费用，包括两部分：固定功率损耗成本和可变功率损耗成本。可变功率损耗主要是针对变压器以及线路而言的，对于柱上开关、开闭所等开关设备可变功率损耗可忽略不计。对于线路而言，不存在固定功率损耗，可见，不同设备的运行损耗费计算方法不同，下面分别进行论述。

1）配电变压器的运行损耗费用计算模型

$$C_L = C_f + C_V \tag{1-11}$$

式中 C_L——配电变压器的总运行损耗成本；

C_f——配电变压器的固定功率损耗成本；

C_V——配电变压器的可变功率成本。

2）配电线路的运行费用计算模型

$$C_L = \Delta E C_{PE} \tag{1-12}$$

式中 ΔE——可变功率损耗成本；

C_{PE}——上网电价。

3）其他设备的运行损耗费用计算模型。对于配电网中的柱上开关、开闭所等开关设备，其可变损耗可忽略不计，因此，其运行损耗费用的计算模型为

$$C_L = P_f \times C_{PE} \times C_f \tag{1-13}$$

式中 C_{PE}——上网电价；

P_f——固定功率损耗；

C_f——固定功率损耗成本。

3. 设备检修成本 C_M

由于电力设备维修体制的特点，许多电力设备的检修周期、检修费用等相对稳定，这样就可以确定检修费用的数学模型为

$$C_M = \sum N_j \times N_{jM} \tag{1-14}$$

式中 C_M——年检修费；

N_j——第 j 类元件每年检修次数；

N_{jM}——平均每次检修费用，可通过大量的数据统计分析得到。

4. 设备故障成本 C_F

设备故障成本包括运行期间发生各类故障所需的故障处理费用，以及引发的电量损失费用。故障处置成本为

$$C_F = C_{F1} + C_{F2} + C_S \tag{1-15}$$

式中 C_{F1}——不可修复性电力设备的故障维护成本；

C_{F2}——可修复性配电网设备的故障处置成本；

C_S——系统每年的停电损失费用。

5. 设备报废处置成本 C_D

由于电力设备的残值很大，因此设备报废处置成本往往为负值。需注意对设备残值进行评价时通常是根据当前市场情况进行评价，因此认为设备残值同设备投资费用一样，发生在设备寿命周期初期，属于现值，故将其转化为等年值

$$C_D = \frac{C_{IA}(1+i)^n i}{(1+i)^n - 1} \tag{1-16}$$

式中 C_{IA}——设备投资费用；

n——设备使用寿命，年；

i——贴现率。

习 题

1. 简答：什么是配电网设备全寿命周期管理？

2. 简答：配电网设备全寿命周期管理的流程有哪些？请画示意图表示。

3. 简答：配电网设备全寿命周期成本的构成有哪些？

4. 简答：写出配电网设备全寿命周期成本计算模型公式，并写出各符号代表的意义。

第三节 配电网精益化数字管控

学习目标

1. 了解配电网数字化转型的背景意义及实现方式
2. 学习并掌握 PMS3.0 典型应用场景
3. 了解配电运检专业数字化班组重点建设任务及内容

知识点

为加快现代设备管理体系建设，电网公司提出了以电网资源业务中台、新一代设备资产精益管理系统（PMS3.0）为核心支撑，统筹公司数字化综合示范区建设，探索适合不同区域、不同层级的设备运检数字化转型模式。以问题为导向，以“易用、好用”为目标，聚焦“电网一张图、数据一个源、业务一条线”，切实提升基层数字化能力和员工获得感，建设具备业务在线化、作业移动化、信息透明化、支撑智能化四个特征的设备运检数字化的工作目标。

一、配电网数字化转型的背景意义及实现方式

（一）外部形势

1. 政策方面

（1）国家“质量强国”战略要求配电网设备安全可靠。企业是质量强国建设的重要主体，提升设备质量工作是实现发展质量转型的关键，也是建设“结构好”“设备好”“技术好”“服务好”“管理好”的一流现代化配电网的客观需求。

（2）成本监审日益严格增加资产运行压力。国家输配电定价成本监审日趋严格，推动成本支出愈加科学，对各项投资、成本支出的科学性和合理性提出了更高的要求。

2. 经济方面

（1）全社会用电量需求增速放缓，设备运检质效压力增大。随着经济发展结构转型，第三产业用电量占比持续提升，配电网资产投资规模快于电量增长，

经营压力加大对设备运检质效提出了新的要求。

（2）经济高质量发展的要求促使用电客户结构发生显著变化。信息技术、集成电路、智能装备、互联网大数据中心等高精尖用电客户发展迅速，对供电质量提出了新的要求。

3. 社会方面

（1）“双碳”战略推动了新能源建设加速落地。电动汽车逐步由政策主导向需求主导转变，光伏、风力等发电装机呈现快速增长趋势，清洁发展理念驱动电网提升新能源接入能力。

（2）电力客户需求升级要求电网企业提供个性化、数字化、互动化的电力服务。更多的电力客户希望电网企业通过用能数据的精准分析提供更方便、更经济、更个性化的互动服务，要求电网企业建立完善更便捷的数字化服务平台。

4. 技术方面

（1）现代信息网络技术的快速发展推动了电网运检装备的技术融合。机器人、可穿戴设备、无人机、物联网装备的广泛应用，使配电设备装备感知水平得到了极大的提升，为设备运检数字化、智能化转型创造了便利条件。

（2）配电云主站、电网资源服务平台等数据中台建设取得突破性进展。配电网海量数据处理和图模一致性不断完善，为开展配电网智能分析、业务数据共享、移动作业应用提供了强有力的技术支撑。

（二）内部形势

1. 电网安全方面

党中央把电力安全上升到保障国家安全的高度，国网公司将安全生产作为企业“生命线”，电网安全重要性越来越高。配电网设备安全运行面临的风险主要有：部分设备抵御雷击、冰冻、大风、洪涝等严重自然灾害的能力不足；火灾、异物、树木等外力破坏造成的通道问题日益凸显；运行时间较长的老旧设备缺陷故障率上升明显；用户侧故障对电网的冲击逐渐增多。

2. 公司战略方面

国网公司“国际领先”的战略要求设备运检要聚焦设备质量、安全、服务、技术等要素，统筹协同资产全寿命周期各专业，实现设备实物、价值的平衡最优，通过围绕资源增值复用、业务创新赋能、数据共享应用、平台建设运营等方面培育、布局和开拓新业务、新业态、新模式。

3. 业务融合方面

设备运检人员增长速度远低于设备增长速度，人员承载力与电网高质量发展之间的矛盾愈加凸显。设备运检管理效率、管理成本面临的压力不断增大，传统的运检模式无法实现多业务融合、业务数据互联共享、移动应用灵活扩展、用户体验个性多样的目标。

（三）实现方式

以智慧物联设施为基础，以纵向贯通、横向协同、灵活开放的数字化架构为支撑，梳理典型业务场景并设计数字化提升方向，实现“设备、作业、管理、协同”数字化，支撑现代设备管理体系的建设，推动公司战略目标落地实施。

1. PMS3.0 特征

（1）融入新理念。树立资产战略管理理念，坚持实物与价值两条主线，支撑现代设备管理体系高质量运转。树牢“系统服务基层”理念，聚焦重点领域，贯通关键环节，解决突出问题。

（2）构建新架构。以电网资源业务中台为核心，构建纵向贯通、横向协同、灵活开放的分布式数字化架构，实现业务需求实时响应，新业务场景研发建设周期大幅缩短，全面服务新业务、新业态发展。

（3）应用新技术。遵循数字化转型技术路线，拓展数字新基建成果应用广度深度，推动数据全面接入整合和共建共享，支撑以可靠性为中心的设备状态检修。

（4）打造新模式。将基层业务与数字化新技术深度融合，支撑设备状态向主动预警转变，设备巡视向人机协同转变，作业方式向在线化、移动化、透明化转变，提升班组工作质效。

（5）构筑新生态。结合数字化建设成果，加强运检与其他专业数据共享，打造企业内部数字能力共享生态。打破传统信息化系统固有界限，构筑能源互联网新生态。

2. PMS3.0 建设原则

（1）统筹规划，同行并进。基于新型数字基础设施建设成果，全面分析设备资产管理业务数字化需求，统筹开展顶层设计，应用互联网思维，各专业、各单位同行并进设备侧数字新基建各项任务，与顶层设计衔接验证、同频共振。

（2）强化专业，突出基层。落实专业管理职责，加强各专业协调配合，充分考虑专业管理、应用场景、系统整合等差异性，组织开展业务应用设计。注重依靠基层、服务基层，支持基层在系统界面、流程、服务上的差异化配置，深化业务应用，支撑基层业务创新。

（3）继承发展，实用实效。继承原有设备管理专业信息化、数字化建设成果及存量数据资产，统筹数字化转型紧迫性、适应性，试点先行，有序演进。注重解决基层作业、业务管理和分析决策各层级应用实际问题，聚焦应用体验，确保实用实效。

（4）开放共享，生态共建。打破各部门、各专业壁垒，整合各部门数字化建设成果，全面推进跨专业数据融合与业务协同，支撑设备全寿命周期管理。挖掘大数据价值，推动设备管理对内对外业务支撑，提升服务创新能力，支撑企业经营管理决策。

二、PMS3.0 典型应用场景

（一）供电服务指挥系统

供电服务指挥系统是以 PMS3.0 数据中台为基础，异常派发为主线，结合异常分析策略开发的配电网设备状态监测分析及运营管控应用。该应用包含停电信息、异常信息、督办信息、工单信息等作业管理，支撑配电网设备运行状态、生产协同指挥等决策分析。

1. 实现功能

（1）在线监测全面升级。基于用电信息采集系统及配电云主站的配电网运行实时数据，通过数字化新技术开展配电设备状态分析工作，实现设备状态信息自动收集、设备状态评价结果自动生成、评价结果智能化处置等业务管理。

（2）对于在线监测、业务管控类的主动工单，与作业类业务应用进行统筹设计，实现全量工单线上化，流程化闭环处置。

（3）可靠性管控全面升级。通过供电可靠性指标分析、供电可靠性问题溯源、供电可靠性管理决策等业务完善建设，提升时户数预算、停电事件分析、可靠性管理专业性、指导专业业务能力。实现业务数据驱动指标制订、多维度关联评价、评价结果智能精准诊断，从而支撑提升配电网各专业管理水平和优质服务能力的可靠性管理指标。

2. 业务逻辑

配电网设备状态监测分析及运营管控应用把在线监测到的所有异常信息派发至异常管理模块，由运维班组人员针对异常信息生成具体的业务工单，然后在工单处理模块对该条工单进行全过程监控，并对该条工单进行督办，生成一条对应的督办工单。工单完结之后由供电服务指挥专职的人员对该条业务工单进行手动评分。供电服务指挥系统业务逻辑如图 1－3 所示。

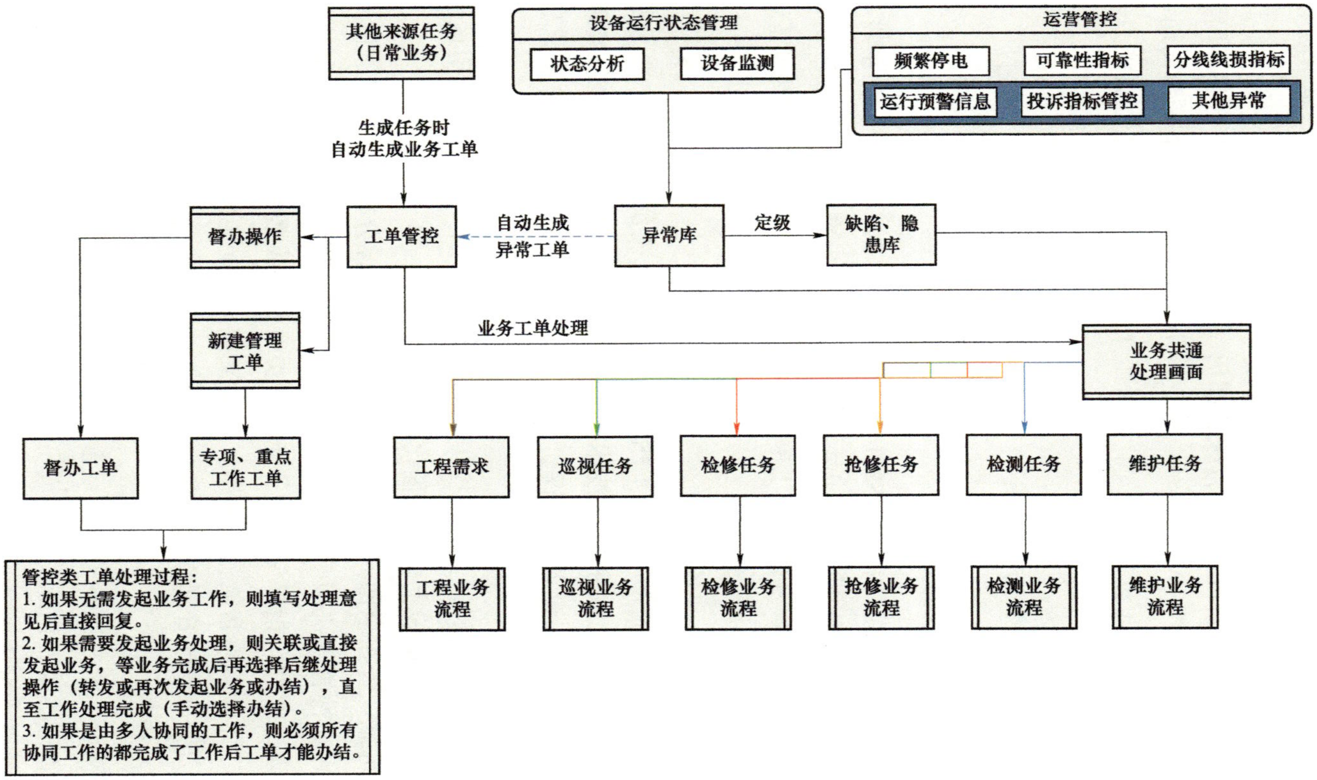

图 1－3　供电服务指挥系统业务逻辑

3. 业务介绍

（1）可靠性管控。基于配电网停电事件信息，对停电时户数等供电可靠性相关数据进行收集、审核、分析、发布及管控，并通过对关键指标的诊断分析，查找治理电网存在的问题，以供电可靠性指标驱动配电网各专业管理水平和优质服务能力提升为目标，主要进行可靠性指标管控、可靠性预算式管控、可靠性过程管控。

（2）状态评价管理。收集配电设备、设施、运行环境的巡视记录、修试记录、故障（异常）记录、缺陷及隐患记录、状态检测记录、越限运行记录、同类型设备家族性缺陷信息，掌握设备发生故障之前的异常征兆与劣化信息，生成状态评价结果，并进一步指导优化配电网运维、检修工作。

（3）设备状态分析管理。根据中台提供的量测信息，对运行线路、配电变压器进行实时监测，具备运行信息、线路负载、配电变压器三相不平衡、配电变压器负载率、配电变压器缺相等信息查询、计算分析、告警信息发布功能，并可对相关异常信息进行工单督办管控应用。

（4）网格化分析评估管理。通过定量计算与定性分析，从网架结构、供电能力、装备水平、经济运行多个维度对供电单元进行评价，挖掘薄弱环节，辅助网格及供电单元精益化运维管理，主要包括统计与展示、供电网格单元维护、网架结构分析、断面管理等应用。

（5）生产协同指挥。按照工作台方式将巡视、检测、检修、抢修等各类生产业务集中协同，整体综合分析，进行可视化展示，对于异常信息及告警信息统一进行告警提示。以工单驱动模式进行生产业务协同指挥管控，辅助生产指挥人员实现业务工单下派、跟踪、审核、评价闭环管理。

4. 业务流程

在线监测到的异常信息由供电服务指挥人员派发至异常信息管理模块，由设备主人对异常信息选择巡视和检测的处理方式，供电服务指挥专职人员可以对该条异常的处理方式进行流程跟踪，也可以对生成的业务工单进行督办的操作，由督办人员对该条工单进行生成督办工单并处理，督办工作结束之后对督办工单进行审核归档。异常数据信息处理流程如图 1–4 所示。

（二）配电网运检业务

配电网运检应用遵循 PMS 3.0 配电应用总体架构，以中台为基础，以工单为主线，结合运检策略及新技术一体化设计运检应用。该应用包含配电巡视、检测、缺陷隐患、检修、两票等作业管理，应用跨越管理信息大区及互联网大区，支撑配电网设备运行状态、生产协同指挥等决策分析。

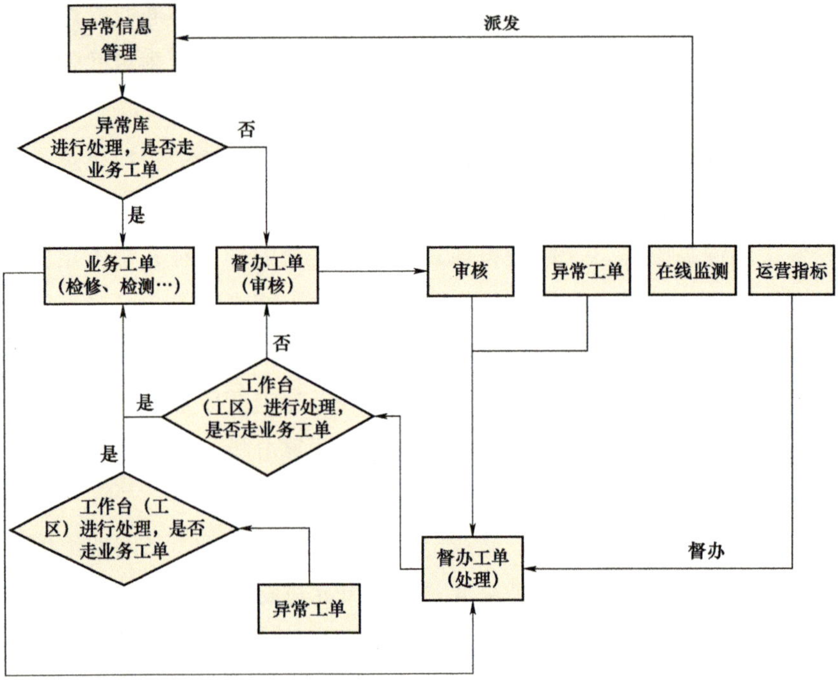

图 1-4　异常数据信息处理流程

1. 实现功能

（1）统一构建运检策略。通过构建运检（巡视、检测、检修）策略实现任务主动生成，工单智能归并、智慧派发，执行评价、成本分析等，实现配电网差异化运维。

（2）提升智能化应用互动。结合无人机、机器人现代化技术手段进行运检作业，改变传统作业模式，逐步将新技术与传统运检进行结合，提升整体智能化水平。

（3）拓展移动应用范围。在电网专网平台移动作业终端应用中增加两票、检修、检测管理模块，提升现场操作的便捷性。

（4）提升人机交互能力。优化应用界面设计、流程、操作方式，结合语音识别、图像识别等技术，提高人机交互的友好性、灵活性。

2. 业务逻辑

将设备监测、状态分析、运营管控、巡视、监测、抢修、工程过程中产生的异常及其他渠道新增的异常全量收集至异常信息管理模块，异常信息管理模块处理生成巡视、检测任务，并通过现场处理闭环。异常处理过程中也可继续填报其他缺陷、异常。异常信息可通过缺陷定级转为缺陷隐患，缺陷可发送至检修（检修任务池）、工程（工程需求）进行后续处理，流程完成后自动消缺。督办工单可通过待办形式督促运检工单执行。配电网运检业务逻辑如图 1－5 所示。

3. 业务介绍

（1）巡视管理。智能推荐可归并的巡视任务，根据线路类型、智能装置的配置情况，推荐作业方式，派发人员可根据实际情况动态调整。作业人员使用运维班成员权限进入巡视工单页面，在移动端接收到巡视工单。

（2）检测管理。智能推荐可归并的检测任务，选择检测模式为作业人员检测，根据推荐的线路或设备所属网格，选择对应的检测队伍，选择后派发至对应的检测移动终端现场检测。

（3）缺陷及隐患管理。汇集巡视、检测、抢修遗留、检修遗留、工程遗留等缺陷、隐患信息。运检人员可查看审核缺陷及隐患的相关信息，对缺陷及隐患可重新定级，并采取检修、工程、异动等处置方式，可分别流转至检修任务池、工程需求池、PMS 异动，进行后续的处置。

（4）异常管理。异常管理模块承接在线监测、业务管控的运行异常信息，经确认处理后流转至相应的缺陷隐患、检修、工程模块进行处置。

（5）检修管理。收集工程、缺陷异常等检修任务，科学排程检修计划、以工单串接整个检修流程，检修计划经调度审批后发布生成停电申请单及检修工单，工单办结后检修结果反馈至工程、缺陷异常模块形成闭环流程。

4. 业务流程

（1）巡视管理。

任务制订阶段：任务制订人员（配电运检网格长、配电运检班长等）编制并确认巡视任务，形成巡视计划。

计划排程阶段：计划排程人员（配电运检网格长、配电运检班长等）编制计划，形成巡视计划。

计划派发阶段：计划派发人员（配电运检网格长、配电运检班长等）派发计划，形成巡视工单。

巡视管理流程如图 1－6 所示。

（2）检测管理。

任务制订阶段：任务制订人员（配电运检网格长、配电运检班长等）编制并确认检测任务，形成检测计划。

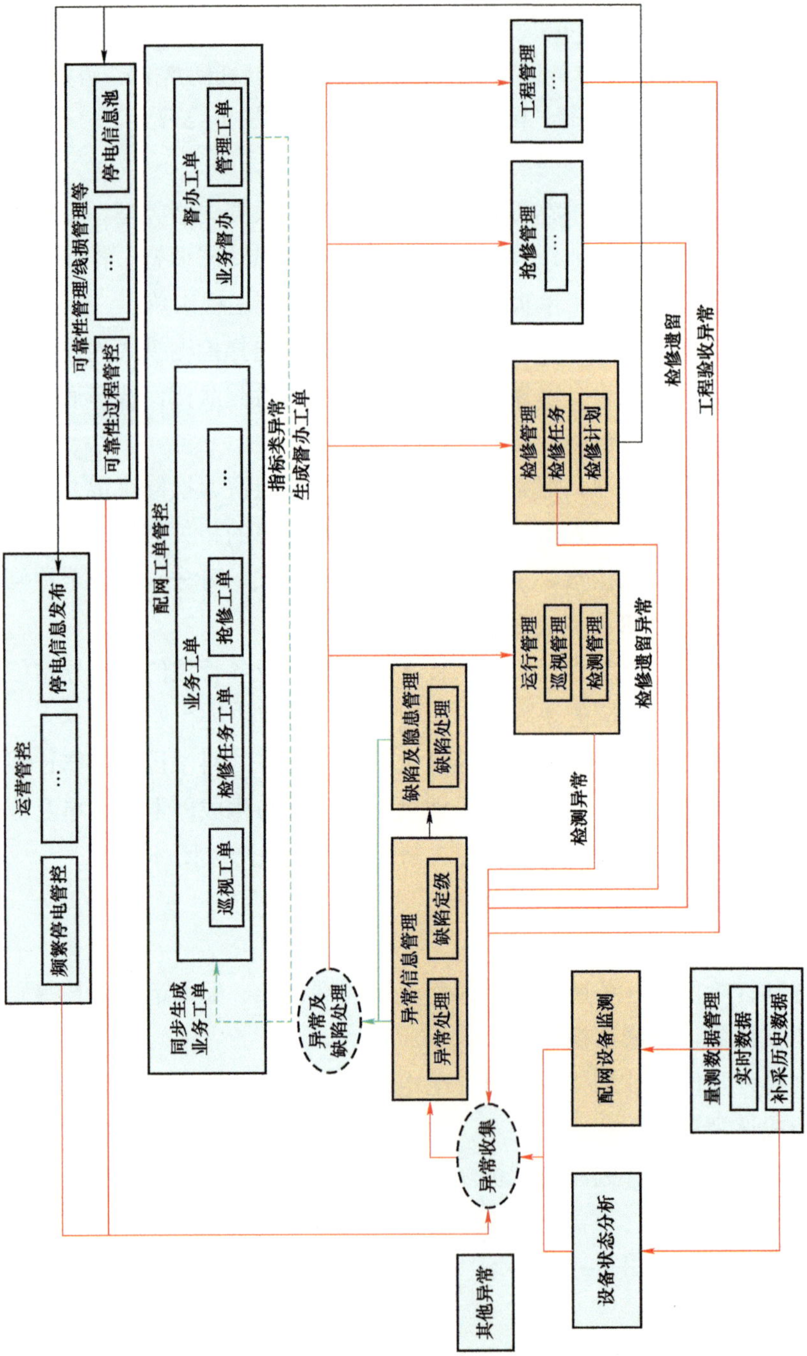

图 1－5　配电网运检业务逻辑

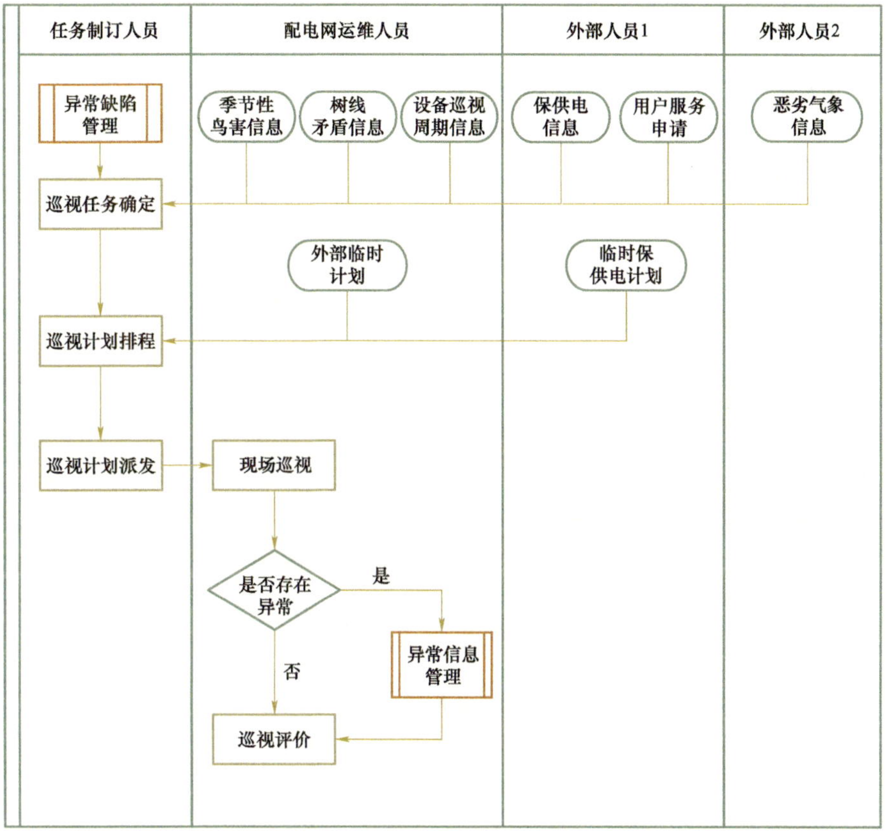

图 1-6 巡视管理流程

计划排程阶段：计划排程人员（配电运检网格长、配电运检班长等）编制计划，形成检测计划。

计划派发阶段：计划派发人员（配电运检网格长、配电运检班长等）派发计划，形成检测工单。

检测管理流程如图 1-7 所示。

（3）检修管理。

任务制订阶段：运维人员新建任务，形成检修任务。

检修计划生成阶段：带电作业班进行实地勘察，然后由设备主人生成检修计划。

调度审核阶段：由调度人员进行审核是否通过，通过则生成检修工单。

检修工单派发实施阶段：工单派发之后由运维人员进行工作处理，检修工作完成之后对工单进行验收，验收完成之后工单完结。

检修管理流程如图 1-8 所示。

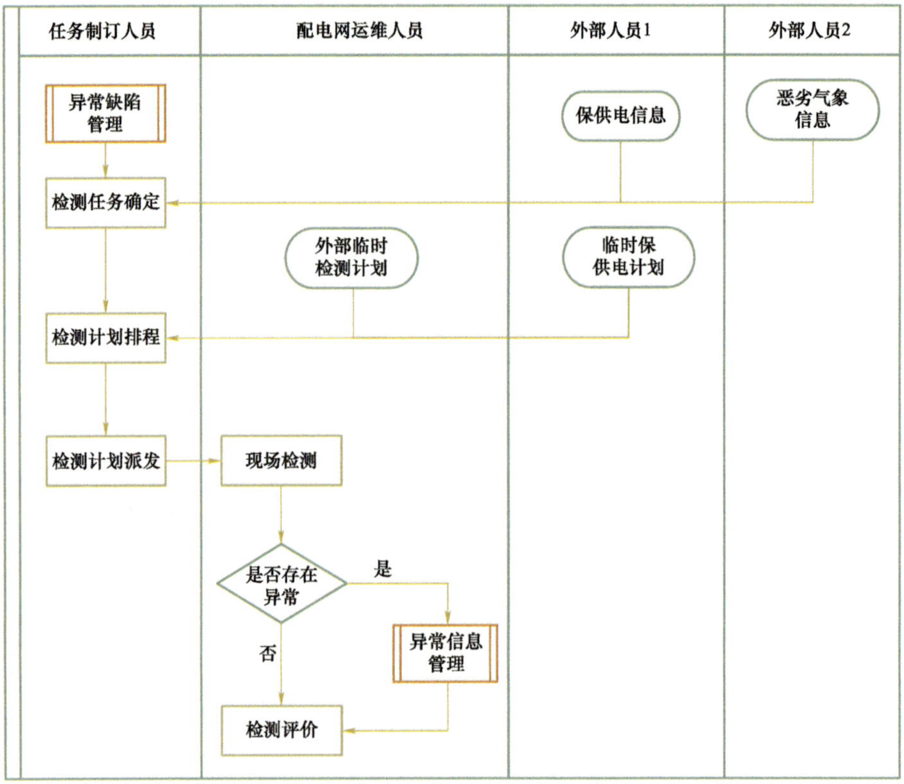

图 1-7　检测管理流程

三、配电运检专业数字化班组重点建设任务及内容

（一）智能运检移动作业平台及应用建设

在不影响设备本质安全的前提下，基于统一移动门户和服务支撑体系，打造入口统一、便捷易用、场景多元、安全交互的设备专业移动应用，建立智能运检移动作业体系。覆盖配电专业移动作业相关业务，满足基层班组、生产组织、辅助决策不同层面的应用需求，实现生产验收、巡检、检（抢）修等流程在线办理和跨专业业务在线协同，支撑管理人员对作业过程的全面管控。打通现场信息交互“最后一公里”。针对移动作业重点业务，急用先行，优先开发，迭代完善，尽快实现作业数据移动化、信息流转自动化，真正让移动作业好用、实用，让运检人员愿意用、用的好。

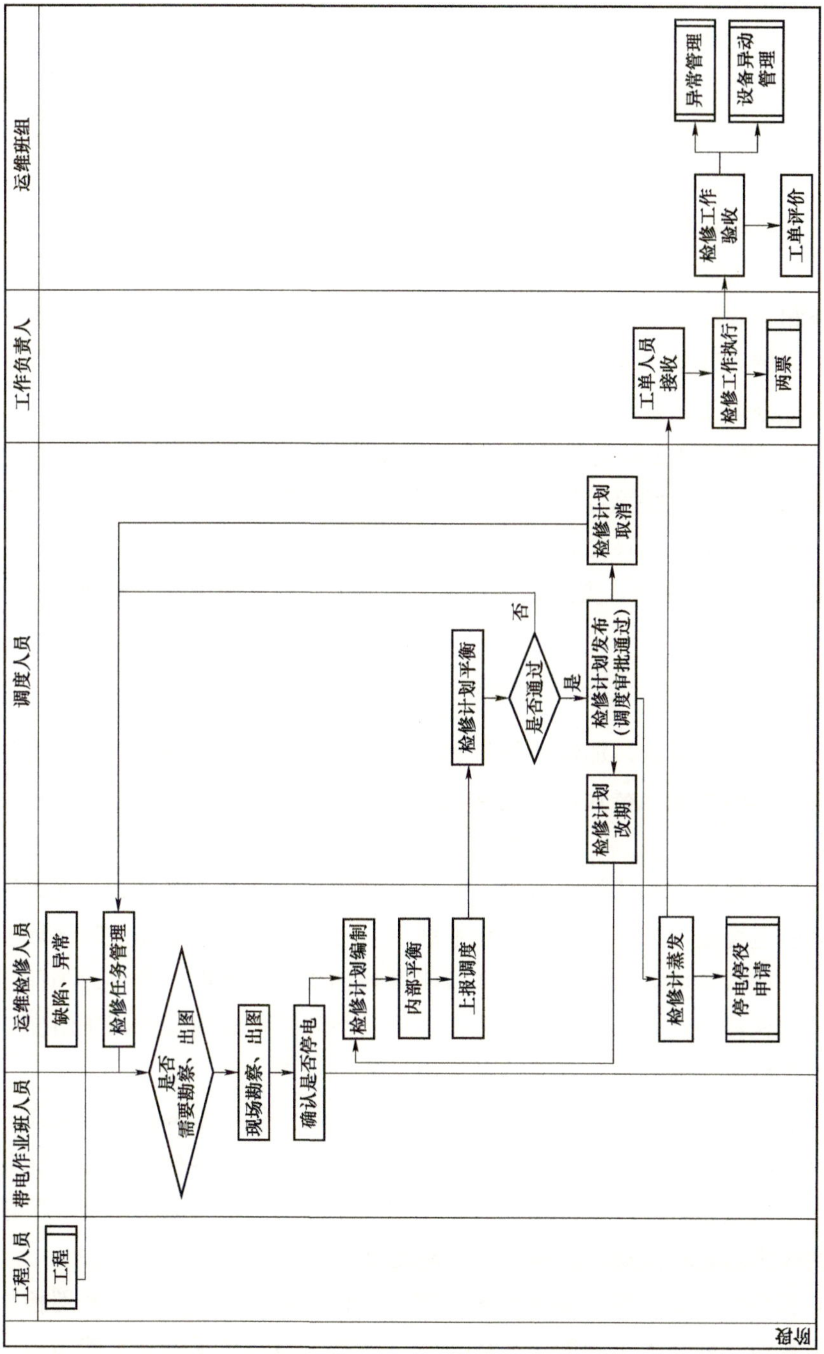
阶段
工程人员
带电作业班人员
运维检修人员
调度人员
工作负责人
运维班组
工程
缺陷、异常
检修任务管理
是否需要勘察、出图
现场勘察、出图
确认是否停电
检修计划编制
内部平衡
上报调度
检修计划平衡
是否通过
是
否
检修计划发布（调度审批通过）
检修计划改期
检修计划取消
检修计蒸发
停电停役申请
工单人员接收
检修工作执行
两票
检修工作验收
工单评价
异常管理
设备异动管理

图 1－8　检修管理流程

（1）提供运检业务智能辅助。通过移动作业终端实现现场信息智能查询、巡检策略自动生成、巡检路径自动规划、巡检过程轨迹自动记录、缺陷隐患信息在线记录回传、作业报告自动生成等运检业务辅助功能，实现巡检作业任务线上闭环办理；实现移动作业终端与红外、局部放电、剩余电流等检测仪器信息交互，检测数据实时回传，减少数据维护工作量，提升诊断分析准确度；依托照片、轨迹等对现场作业全过程开展实时管控，提高巡检工作效率。

（2）实现两票线上办理。配电工作票、操作票在PMS系统全面应用，基于电网拓扑和单线图结构化数据，建立工作票、操作票典型库，在PMS实现工作票、操作票辅助开票、安措辅助校核、负责人及工作班成员资质校核。使用移动终端线上办理工作票、操作票。

（3）实现配电网工程资料数字化移交。配电网工程管理系统涵盖项目可研、设计、施工、物资、结算等信息，将工程过程资料按照统一格式数字化，实现配电网工程资料电子化移交。依托实物“ID”和移动终端，采集现场设备台账信息，推送至PMS系统，支撑设备图形台账建立，实现配电网工程建设资料与运行台账数字化贯通。

（二）推进设备状态感知水平提升

按照班组业务需求，加快成熟传感器应用，逐步开展周期性、密集型设备运维巡视工作的智能化替代，实现常规运维工作的数字化转型，提升设备状态管控力。

（1）加快配电自动化线路建设。实现配电自动化终端全覆盖、三遥线路故障自愈功能全覆盖。依托配电自动化系统和云主站平台，生成非故障区域转供电方案，完成故障区段自动隔离和非故障区域的快速转供电，并将故障信号、隔离信息推送移动终端，缩短故障查找范围及故障停电时间，支撑班组完成现场设备操作情况、转供电情况等信息反馈。

（2）加快智能融合终端建设。依托配电云主站、供电服务指挥等系统，以及智能融合终端、智能电表、低压智能设备数据，结合设备台账图形、拓扑关系，自动生成低压台区停电范围、失电用户清单等信息，主动研判故障区段范围，并实时推送运检人员，实现快速主动抢修。

（3）加快配电站房智能装备部署。推广建设智能配电站房，依托巡检机器人、站房智能辅助与人工智能可视化系统、动态环境量传感器等智能装备，在配电云主站实现巡视任务、识别算法远程下发，实现配电站房设备在线监测、动态环境监测、安防消防监测与作业安全管控，提升配电站房巡检质效。

（三）提升人工智能应用水平

配电网作为联系能源生产和消费的关键枢纽，可获得的配电数据呈现指数增长，推进人工智能在辅助配电巡视、人员作业行为监控和主设备知识运维管理等方面的应用，是提升配电网运检质效、保障配电网安全高效运行的必然趋势。

（1）推进图像/视频识别技术应用。利用图像识别、边缘计算技术，对站内设备外观异常、表计读数、液位状态、人员作业违规、周界异常等情况进行识别与告警，实现站房智能巡检、现场人员作业管控。

（2）推进自然语音识别技术应用。实现语音输入，语音查找、语音控制等常规操作，提升运检工作效率。

（3）推进知识库技术应用。开展标准规范数字化，支持资料在线检索。现场利用移动终端，实时调阅设备台账、图纸档案、运行检修规程、作业标准流程、精益化评价细则、典型故障案例等技术资料，助力设备知识赋能基层运检作业。

（4）推进无人机自主飞行技术应用。开展配电线路无人机巡检、验收，通过无人机挂载激光雷达设备、倾斜相机等设备，对配电网通道进行扫描，建立配电网三维场景进行自主航线规划，实现无人机自主巡检，自动识别配电网设备典型缺陷。破解配电架空线路登杆巡视、验收难题，提高设备健康水平。无人机巡检建立的三维模型，可以更好地服务于电网的规划建设、业扩接入。

（四）数字化运检抢业务内容

1. 台账精益管理

（1）配电图形台账一体化同源维护。基于 PMS 及电网资源业务中台化建设，通过统一的中低压配网信息模型标准，贯通营销、配电、调度等系统图模维护流程，推行图形台账一体化维护，承接配电网工程、阳光业扩等台账异动源头，保障图数一致性，实现基础图形、台账准确率和及时率 100%。

（2）实物资产台账扫码录入。基于移动终端和实物“ID”，实现配电网设备及主材（含配电变压器、环网柜、柱上开关等）信息现场采集、增量设备扫码建档和系统辅助校核等功能，通过移动作业实现设备主要参数及坐标校准功能，减轻班组实物资产台账维护工作量，提升台账维护质量。

（3）配电网数据资源开放共享。基于营配调“电网一张图”台账图形数据和企业中台，实现配电网容量裕度分析、设备状态分析等高级应用，结合配电网自动化、供电服务指挥、“阳光业扩”等系统应用，支撑基层班组人员高效可靠地跨系统信息查询。

2. 移动巡检作业

（1）深化移动终端巡检 App 部署应用。拓展移动端应用功能，实现设备图纸、台账、缺陷、故障信息、检修记录、检测记录等相关信息的现场交互查询，减轻班组携带纸质资料负担。

（2）开展基于移动作业的工单驱动业务管控。依托供电服务指挥等系统，根据设备履历、巡视检修策略自动生成巡检工单，在移动作业端实现巡视、消缺等作业任务线上闭环管控，缺陷隐患等信息在线登记回传等功能，强化班组对业务开展质量的过程管控。

（3）开发移动智能助手。移动作业终端实现巡检路径自动规划、巡检过程自动记录、轨迹自动记录、作业报告自动生成、工作绩效看板等运检业务辅助功能，提高巡检工作效率。

（4）提升移动作业终端交互能力。建立移动作业终端与现场红外、局部放电、剩余电流等智能带电检测装备的信息交互，实现检测装置、表计数据自动采集、自动记录、自动分析。

3. 工作票业务在线办理

（1）停电及带电作业计划辅助制订。将停电、带电作业任务纳入 PMS 系统作业任务池，根据班组员工承担工作任务量和作业时间需求，自动编制停电及带电作业工作计划表（含人员、时间安排）。

（2）工作票在线智能办理。基于电网拓扑和单线图结构化数据及工作任务内容，在 PMS 图形端点选工作范围，实现工作票辅助开票、安措辅助校核、负责人及工作班成员资质校核。使用移动终端线上远程流转办理工作票许可、延期、终结手续，自动记录作业过程、停电申请编号、工作班人员信息、任务信息、计划时间、工作许可情况和安全措施等信息，完成工作票各环节在线流转归档，提升运检班组工作票办理效率。

4. 操作票在线办理

基于电网拓扑和单线图结构化数据，针对不同类型开关设备建立典型票模板，在图形端点选开关及停电区段，自动进行防误操作校验，生成单项操作任务的倒闸操作票，并开展规范性辅助校核；依据工作进程，使用移动终端线上远程流转操作票，实现操作执行信息、安全措施、许可汇报在线自动记录闭环，提升运检班组操作票办理效率。

5. 配电网工程资料数字化移交

配电网工程管理系统汇集了项目可研、设计、施工、物资、结算等信息，将工程过程信息数字化，并能实现一键数字化归档。依托实物“ID”和移动终端，采集现场设备台账信息、竣工图、出厂参数、设备坐标、资产属性、运行编号等台账参数信息，并推送至PMS系统，支撑设备图形台账建立，实现配电网工程建设态电网与运行态电网的数字化移交。

6. 在线状态监测

（1）配电设备电气量在线监测。推广配电一二次融合、台区智能融合终端等设备建设应用，依托配电自动化、供电服务指挥等系统，实现对配电线路、配电变压器、开关设备及用户的电气量实时监测，并主动生成设备异常告警，支撑移动端的设备状态实时查询，推动班组巡视模式从现场巡视向在线化、数字化巡视转变。

（2）配电站房智能在线监测。在配电站房内配置智能巡检机器人、智能辅助及可视化装置，依托物联管理平台、可视化平台、云主站智能配电站房微应用，实现对配电站房温湿度、SF_6气体、水位信息等环境状态的实时监测；应用图像识别技术自动研判人员佩戴安全帽、工作区域范围等信息，实现站房安防信息在线监测及现场作业安全管理；开展机器人智能巡检，实现设备状态在线监测，设备异常智能告警，提升班组对配电站房的运维质效。

（3）设备运行风险辅助智能分析。研究设备状态智能分析技术，建立数据分析模型，在各类采集感知数据的基础上，自动查找设备薄弱环节、运行环境异常等深层次问题，实现设备凝露主动预警、小区地下水位异常告警、设备状态智能评价等高级应用，派发主动检修工单，并自动匹配检修策略，全面辅助班组人员开展设备状态管控和主动检修消缺。

7. 抢修业务线上办理

（1）实施工单驱动抢修业务。结合用户报修工单及现场监测设备生成的主动工单，研判配电异常及故障信息，生成配电抢修业务工单。

（2）抢修工单智能派发、在线流转。根据营配调“电网一张图”和基础台账数据，将抢修工单（含故障信号、故障区段、影响用户情况等）自动派发移动终端，实现抢修任务下达、接收、许可、执行、反馈全过程信息线上办理，便于设备抢修成本自动分摊归集。

（3）抢修工单精准派发。依托营配调多源系统数据，通过历史抢修工单自主学习算法，构建智能派单模型，实现抢修工单智能化精准派工，提升配电抢修业务效率。

8. 抢修过程主动可控

（1）深化工单驱动业务。依托供电服务指挥、PMS等系统，依据线路、设备等故障告警信号，自动研判生成配电抢修工单。

（2）开展抢修过程在线管控。依托配电抢修 App，对现场作业人员行动轨迹、抢修过程进行全过程在线管控。依据故障巡视结果，向班组推送抢修策略、人员、车辆及工器具需求。

（3）实现可视化互动抢修。应用图形可视化、实时视频等技术手段，自动向供电服务指挥中心反馈抢修过程中抢修人员的作业轨迹、抢修人员的实时位置、抢修作业关键节点等信息，实现抢修同步指挥，实时掌握配电网抢修进度，并通过网上国网 App、微信公众号等渠道向停电影响用户推送抢修进展。

9. 故障信息智能分析

（1）故障影响范围智能研判。依托配电自动化、供电服务指挥等系统以及智能融合终端、智能电表数据，结合设备台账图形、拓扑关系，生成停电范围、故障区段等信息。

（2）故障停电信息推送到户。依托客户七级地址库、报修用户地址模糊匹配、历史报修信息等手段，实现停电信息与报修信息的关联匹配，支撑停电信息及抢修进程主动通知到停电影响用户。

10. 负荷转供有序智能

依托配电自动化系统，生成非故障区域转供电方案，完成故障区段自动隔离和非故障区域的快速转供电，并将故障信号、隔离信息推送移动终端，缩小故障查找范围，减小故障停电时间，支撑班组完成现场设备操作情况、转供电情况、执行失败原因分析等信息反馈工作。

习　题

1. 简答：PMS3.0 平台可靠性管控模块的业务内容有哪些？
2. 简答：PMS3.0 平台运检业务流程如何开展？
3. 简答：智能运检移动作业平台及应用主要有哪些内容？

第四节　配电网核心指标解读

学习目标

1. 了解配电网核心指标含义
2. 能够针对配电网核心指标开展分析并提出提升措施

知识点

为加强供电监管，规范供电行为，维护供电市场秩序，保护电力使用者的合法权益和社会公共利益，国家电力监管机构制定了《供电监管办法》，并明确了监管内容、监管措施等条款，在供电能力、供电质量、供电服务等方面还提出了具体量化措施。各供电企业在此基础上也制定了本单位的核心指标体系并开展对标评价，有效支撑了企业战略实施和服务管理提升，推动了我国电力事业的快速、健康发展。

一、供电可靠性

（一）指标解读

供电可靠性是指一个供电企业对其用户持续供电的能力，是衡量供电企业服务品质的国际通用指标。近年来，部分供电企业逐步理顺供电可靠性管理体系，推进供电可靠性指标管理与配电网业务管理深度融合，以提升供电可靠性为主线的理念在配电专业管理中逐步形成共识，取得了一定成效，但供电可靠性水平相对国际领先水平仍有较大差距，城乡配电网发展不平衡与管理水平不均衡是影响供电可靠性指标的重要因素。在可靠性指标体系中包含主要评价指标和参考评价指标两大类，共计 36 个指标，下面着重介绍两个主要评价指标。

1. 系统平均停电时间

系统平均停电时间是指供电系统用户在统计期间内的平均停电小时数，是反映供电系统对用户停电时间长短的指标，记作：$SAIDI-1$（h/户），其计算公式为

$$SAIDI-1=\frac{\sum 每次停电时间\times 每次停电用户数}{总用户数}$$

若不计外部影响时，则记作：$SAIDI-2$（h/户），其计算公式为

$$SAIDI-2=SAIDI-1-\frac{\sum 每次外部影响停电时间\times 每次受其影响停电户数}{总用户数}$$

若不计系统电源不足限电时，则记作：$SAIDI-3$（h/户），其计算公式为

$$SAIDI-3=SAIDI-1-\frac{\sum 每次系统电源不足限电停电时间\times 每次系统电源不足限电停电户数}{总用户数}$$

若不计短时停电时，则记作：$SAIDI-4$（h/户），其计算公式为

$$SAIDI-4=SAIDI-1-\frac{\sum 每次短时停电时间\times 每次短时停电户数}{总用户数}$$

2. 平均供电可靠率

平均供电可靠率是指在统计期间内，对用户有效供电时间小时数与统计期间小时数的比值，记作：$ASAI-1$（%），其计算公式为

$$ASAI-1=\left(1-\frac{系统平均停电时间}{统计期间时间}\right)\times 100\%$$

平均供电可靠率越高，电网供电能力越强。

平均供电可靠率也有 4 个维度：① 全部；② 不计外部影响；③ 不计系统电源不足限电；④ 不计短时停电。

若不计外部影响时，则记作：$ASAI-2$（%），其计算公式为

$$ASAI-2=\left(1-\frac{系统平均停电时间-系统平均受外部影响停电时间}{统计期间时间}\right)\times 100\%$$

若不计系统电源不足限电时，则记作：$ASAI-3$（%），其计算公式为

$$ASAI-3=\left(1-\frac{系统平均停电时间-系统平均电源不足限电停电时间}{统计期间时间}\right)\times 100\%$$

若不计短时停电时，则记作：$ASAI-4$（%），其计算公式为

$$ASAI-4=\left(1-\frac{系统平均停电时间-系统平均短时停电时间}{统计期间时间}\right)\times 100\%$$

（二）指标分析及提升措施

供电可靠性管理是从系统观点出发，按照既定的可靠性目标对配电系统和设备寿命周期中的各项工程技术活动进行规划、计划、组织、控制、协调、监督、决策。供电可靠性管理是一项适合现代电力企业管理的科学系统工程，它既有成熟的可量化指标体系，又有先进的数字化管理工具，还有可复制的国际化同业经验，是配电网发展质量、管理水平、服务能力的综合体现。

1. 提升配电网供电可靠性的原则

（1）坚持以客户为中心。以提升客户可靠用电体验为出发点，以实现用户“用好电、少停电、快复电”为目标，全面加强配电网停电精益化管理，有效降

低配电网停电对终端用户的影响，努力为客户提供安全、可靠、稳定、优质的供电服务。

（2）坚持以提升供电可靠性为主线。将供电可靠性管理贯穿于配电网管理工作全过程，结合地区经济社会和电网发展实际，按照“自我完善、持续改进”的原则，科学制订年度停电时户数预控目标，建立横向协同、纵向联动、闭环反馈的统筹协调机制和考核评价办法，推动供电可靠性管理与专业管理深度融合，形成全员、全业务、各环节参与供电可靠性管理的大氛围。

（3）坚持城乡统筹，聚焦补齐农网短板。配电网作为经济社会发展的重要公共基础设施，是国家推进城乡基本公共服务均等化的重要组成部分，要针对农网供电可靠性水平与城网差距明显的现状，在继续实施城网供电可靠性提升工程的同时，重点面向中西部，聚焦县域供电企业，立足找差距、补短板、强弱项，突出转观念、建队伍、抓落实，推动配电网供电可靠性和综合管理水平实现双提升。

（4）坚持远近结合，聚焦狠抓管理提升。从长远看，需要持续加大配电网建设改造力度，夯实配电网网架结构、设备质量和自动化技术等物质基础，增强硬实力。从近期看，提升管理水平、增强软实力是提升供电可靠性成本最低、见效最快的有效途径。要坚持远近结合，在持续加大配电网投入的同时，聚焦配电网停电管控，将管理提升作为主要抓手，使配电网管理理念、方法、行动、结果全面实现明显提升。

（5）坚持综合施策，聚焦向数字化转型。针对配电网计划停电管理粗放、重复停电比例高、故障停电频繁等问题，在配电网规划、设计、建设、运维、管控等环节多措并举，全面夯实管理基础的同时，聚焦配电网规模庞大与人员相对不足的矛盾，充分发挥技术手段在供电可靠性管理中的支撑作用，结合配电侧能源互联网建设，大力推进配电网管理向数字化转型。

2. 提升配电网供电可靠性的措施

（1）认真开展现状分析。结合配电网供电可靠性统计结果，组织开展停电责任原因核实，梳理预安排停电和故障停电的主要责任原因构成，对比分析配电网结构、设备质量、运维管理、计划停电管控等因素对停电时长的贡献度，尤其要加强对单次大范围停电、用户累计停电时间超长、用户频繁（重复）停电等现象开展解剖麻雀式分析，查找共性原因，建立问题清单，制订差异化的可靠性目标和管理提升策略。

（2）严格管控计划停电。从彻底转变配电网停电管理理念入手，真正落实停电时户数预算式管控机制，将可靠性目标细化分解到每一个专业、每一个班所、每一条线路、每一个台区，按照“先算后报、先算后停”的原则，开展计划统筹、动态跟踪、实时预警、定期分析，全面加强计划停电过程管控。强化综合停电管理，统筹各类停电需求，严格落实停电分级审批制度。制订配电网施工检修项目停电时户数定额标准，严格审批停电方案，确保停电范围最小、停电时间最短、停电次数最少。强化施工检修作业组织，确保停电计划刚性执行。

（3）大力压降故障停电。强化县域供电企业和基层班所配电专业管理，转变配电网“固定周期、均等强度”的运维管理模式和工作方式，制订差异化运维策略，运用大数据分析成果，集中力量强化重点时段、重点区域运维。按照“突出短板、全面排查、综合治理”原则开展频繁跳闸线路和停电台区专项整治。加强配电网应急抢修组织管理，优化抢修半径，加强抢修过程管控，缩短抢修到场和抢修复电时间。加强用户内部故障出门管控，减少用户内部故障导致线路停电影响。

（4）积极推广不停电作业。持续加大县域配电网不停电作业队伍、车辆、工器具和试验检测装备投入。推进县域供电企业全面普及一、二类不停电作业项目，具备条件的县域供电企业逐步提升三、四类复杂作业项目能力。加快推进低压配电网不停电作业，研发推广一二次融合开关、台区智能终端等新设备不停电作业项目。扩大配电网工程不停电施工作业范围，逐年提升配电网工程和检修作业中不停电作业比重，全面推进配电网施工检修由大规模停电作业向不停电或少停电作业模式转变。

（5）积极推进配电网管理数字化转型。充分利用供电服务指挥系统、电网资源业务中台、配电自动化系统、台区智能终端、用电信息采集等自动化、信息化手段，应用大数据、云计算、人工智能技术，开展停电责任原因专题分析，提出辅助决策建议，加强分析结果应用，有效指导专业管理持续改进提升。持续深化供电服务指挥中心运营，大力推广配电移动作业应用，充分整合各类信息资源，完善配电网基础台账，理顺专业衔接流程，挖掘数字管理工具，推动配电网工作方式全面向“在线化、移动化、透明化、智能化”工作方式转变，配电管理模式向“工单驱动业务”管模式转变。

（6）全面加强专业队伍建设。结合省市设备管理管办分离改革，强化配电专业职能管理，加强对县域供电企业配电专业的统筹管理和业务指导，配齐、配强网格化供电服务机构、供电所配电专业人员，试点建设运检抢一体、中低压统筹、一二次兼顾的综合运检班组，支持常规运检班组向常态化不停电作业班组转型探索，有力支撑配电网可靠供电和客户优质服务。

二、分线线损

（一）指标解读

线损是指电能从发电厂传输到用户过程中，在输电、变电、配电和用电各环节中所产生的电能损耗。线损率是指在一定时期内电能损耗占供电量的比率，是衡量电网技术经济性的重要指标，它综合反映了电力系统规划设计、生产运行和经营管理的技术经济水平。线损按统计计算类型可分为统计线损、同期线损、理论线损。

1. 统计线损

统计线损是电网企业发展部门统计采用的计算线损的方式。它是根据电能表的读数计算出来的线损，是供电量和售电量两者之间的差距，同时是上级考核线损指标完成情况唯一依据。

分线供电量是按照供电量关口管理计划规定的关口由月末 24 点表码计算得到的电量相加得到，售电量是按照营销抄表历日发行统计的用户售电量。

统计线损存在电量时差的问题，对于专线用户，其一般为无损用户，统计时差电量用于分析时差对于分区统计线损率的影响程度，有如下计算关系：

（1）专线用户时差电量 = 专线用户供电量 – 专线用户售电量

（2）专线用户时差线损率 = 专线用户时差电量/专线用户供电量

其中，专线用户供电量为该用户月末 24 点表码计算的电量，专线用户售电量指该用户发行电量。

2. 同期线损

同期线损是指线损计算中以采集全覆盖和营配调全贯通为依托，以供电量、用电量同步采集为基础，供、售电量使用同一时刻电量的计算方法实现线损自动统计。解决了因受传统抄表手段限制，供、售电量不能同步发行，导致线损率月度间剧烈波动，“大月大”“小月小”的问题，能够更好地发挥线损分析在电网企业管理中发挥的监控、指导作用。

3. 理论线损

配电网理论线损是指根据配电网的实际负荷及正常运行方式，计算配电网中每一元件的实际有功功率损失和在一定时间段内的电能损失。理论线损率是供电企业对其所属配电设备，根据设备参数、负荷潮流、特性等计算得出的线损率，其影响因素主要有拓扑参数、运行方式、负荷变化、运行电压等。

理论线损率 =（理论线损电量/理论线损供电量）× 100%

理论线损供电量＝发电厂上网电量＋外购电量＋电网输入电量

理论线损计算时，应计算每个设备的损耗电量，如变压器的损耗电量；架空及电缆线路的导线损耗电量；电容器、电抗器、调相机中的有功损耗电能、调相机辅机的损耗电量；电晕损耗电量＋绝缘子的泄漏损耗电能（数量较小，可以估计或忽略不计）；变电所的所用电量；电导损耗等。

（二）指标分析及提升措施

以配电网分线同期线损为例进行介绍。在同期线损系统中，配电线路监测指标有 12 项，其中，供电关口电量异常线路数、供电侧关口无表线路数、供电侧关口有表无采线路数、供电关口电量表底缺失线路条数、计量点故障个数、10kV 高压用户表底不完整数等指标可以反映各单位配电线路供电关口电量采集质量；无线变关系线路数、打包率等指标可以反映各单位配电线路模型的配置质量；轻载、空载、备用线路条数、超长线路条数、智能变电站 10（20/6）kV 配线条数等指标可以反映各单位电网基础问题。

1. 加强线损管理的意义

线损是计算电网生产各环节损耗程度、衡量电网技术经济性的关键核心指标，集中体现了调度、生产、营销等各项电网核心业务的运营水平。它直接反映了电网装备、生产运行和经营管理的综合水平，是衡量电网经济运行效率与电网企业运营管理水平的重要经济技术指标。

在产业结构调整与环境污染治理的双重压力下，电网企业售电增速从两位数增长高位回落。电网企业为进一步挖掘降损潜力，采取通过建设一体化电量与线损管理系统，进行源头采集数据，自动生成线损指标，实现对关口、计量、设备、电量等关键节点信息实时统一监控，掌握各层级、各环节、各元件的线损情况，及时有效地制订降损措施，进一步解决电网高损问题，提升经济运行水平。同时通过强化电量、电费精细管理，杜绝“跑冒滴漏”现象，确保电量、电费颗粒归仓，最大限度保障电网企业经营效益，有效规避审计风险和经营风险。

电网公司通过开发公司级一体化电量与线损管理系统，来加强基础管理、支撑专业分析、满足高级应用、实现智能决策。以电量源头采集、线损自动生成、指标全过程监控、业务全方位贯通协同推动电量与线损管理标准化、智能化、精益化和自动化，有力支撑公司战略的落地。

2. 开展同期线损管理的目标

（1）归真电量数据，实现电力生产全过程监控。充分发挥智能电表作用，利用信息系统集成，实现电量等核心指标数据源头采集、自动生成、系统传输、同期统计，客观反映经营管理薄弱环节和电网薄弱点。建立“发–输–变–配–用”各个环节电量计算模型，实现能量流输送和转化过程中全过程监测，为电网企业电量管理精益化和交易结算等经营管理提供有力支撑。

（2）归真线损指标，实现“四分”（分区、分压、分线、分台区）精益管理。应用自动化、多元化、组件化的数据模型，自动计算同期线损率，将线损结果落实到分区、分压、分线、分台区，快速定位高损环节，加强线损精益化管理。突出理论线损、统计线损与同期线损“三率”并重；以同期线损为核心，强化统计线损与同期线损比对，挖掘管理线损问题；强化理论线损与同期线损比对，挖掘技术线损问题，全方位诊断线损薄弱环节，提升降本增效各项措施的针对性和有效性。

（3）规范全过程信息数据，促进专业信息共享融合。通过同期线损系统集成，规范发、输、变、配、用电力生产全过程数据信息，建立“厂–站–线–变–户”拓扑一体化维护机制，实现电网企业在一张网上实现“营销、运检、调度、规划”数据的共维共享，促进业务融合与数据共享，有力支撑电网企业一体化信息系统建设和数据管理。

（4）强化专业协同，建设坚强智能电网。充分发挥线损率作为电网企业核心经营指标的管控作用，强化运检、营销、调度专业协同，在电网资产管理和终端客户服务之间搭建起畅通有效、高度融合的电力流、信息流和业务流，强化专业信息交互和成效校验，推进营配贯通、经济调度运行、配电自动化、供电可靠性提升等工作，有力支撑坚强智能电网和现代配电网。实现电力经营管理全过程能量损失监测，为能量流、价值流、信息流有机贯通提供支撑，为电网企业经营成本管控提供数据化决策依据。

3. 提升分线同期线损指标的主要措施

（1）深化分线线损管理体系。严格落实工作职责，坚持“统一领导、分级管理、分工负责、协同合作”的原则，理清各专业各级单位职责边界，明确交叉业务流程时限和信息报送渠道，强化纵向贯通和横向协同，保障配电网同期分线线损管理工作有序开展。加强全业务人员培训和全过程管控机制落地，依托供电服务指挥系统和设备主人制，实现指标末端管理。

（2）夯实分线线损数据基础。按照“数据同源、信息融合、综合整治”的原则和“采录一条、治理一条、固化一条、应用一条”的思路，加强营配调专业协调，实现营配调业务贯通、信息共享，确保营配调工作流程同步开展、同步完成、源端系统同步维护。加强设备异动管理和电量数据采集质量管理，确保异动数据、异常数据闭环管控，理论线损基础数据同步变更。

（3）创新技术优化应用。建立工单驱动业务的管理机制，根据线路模型综合用电采集、配电 PMS、营销系统、调度系统等源端数据平台，加强异常电量、异常档案、异常模型等监测模块分析应用。结合配电自动化系统建设，加快推进配电线路联络关口计量装置完善工作，有效解决线路联络关口计量问题。

（4）挖掘专业融合价值。通过开展配电分线线损指标过程监控、分析、跟踪、督办，逐条分析异常线损线路。强化日线损相关指标监控，结合短信停电通知到户、主动抢修业务等工作反向检验、校核营配基础数据质量，开展用电行为分析，挖掘违规用电或偷窃电用户，有效减少“跑冒滴漏”现象。

习　题

1. 简答：供电可靠性指标主要受哪些因素影响？
2. 简答：如何提升配电网供电可靠性？
3. 简答：怎样开展异常分线同期线损线路分析？

第二章

配电线路及设备运维

第一节　配电线路及设备巡视

学习目标

1. 学习并掌握架空配电线路的巡视
2. 学习并掌握配电线路通道的巡视
3. 学习并掌握配电线路设备的巡视
4. 学习编写架空配电线路现场巡视标准化作业指导书

知 识 点

一、架空配电线路的巡视

（一）基础知识

1. 巡视目的

为及时掌握线路及设备的运行状况以及沿线的环境状况，发现并消除设备缺陷和沿线威胁线路安全运行的隐患，预防事故的发生，提供翔实的线路设备检修内容，必须按期进行巡视和检查。

2. 巡视时应携带的工器具

巡线人员要了解当日气象预报情况，携带必要的工器具和巡线记录本。巡线人员应穿工作服、穿绝缘鞋、戴安全帽，携带望远镜（必要时还需携带红外线测温仪、测高仪）、通信工具，并根据当日气候情况准备雨鞋、雨衣，暑天山区巡线应配备必要的防护工具和防蜂、防蛇的药品，巡线人员应带一根不短于1.2m的木棒，防止动物袭击。夜间巡线应携带足够的照明工具。

3. 不同季节巡视的侧重点

架空配电线路巡视的季节性很强，各个时期应有不同的侧重点。高峰负荷时，应加强对设备各类接头的检查以及对变压器的巡视；冬季大雪或覆冰时，应重点巡视检查接头冰雪融化状况；开春时节大地解冻，应加强对杆塔基础的检查巡视；雷雨季节到来之前，应加强对各类防雷设施的巡视；夏季气温较高，应加强对导线交叉跨越距离的监视、巡查。雨季汛期应加强对山区线路以及沿山、沿河线路的巡视检查，防止山石滚落砸坏线路以及滑坡、泥石流对线路的影响。

4. 巡视的要求

巡视工作最重要的是质量，巡视检查一定要到位，对每基杆塔、每个部件，对沿线情况、周围环境检查要认真、全面、细致。巡视完毕后，应将发现的缺陷，按缺陷类别、内容、所在杆号及发现的时间，详细记录在缺陷记录本内，以便对缺陷进行处理和考核。

5. 危险点分析及安全注意事项

架空配电线路巡视危险点分析及安全注意事项如表2－1所示。

表2－1 架空配电线路巡视危险点分析及安全注意事项

危险点	安全注意事项
触电	（1）巡视时应沿线路外侧行走，大风时应沿上风侧行走。 （2）事故巡线，应始终把线路视为带电状态。 （3）导线断落地面或悬吊空中，应设法防止行人靠近断线点8m以内，并迅速报告领导等候处理
其他	（1）巡线工作应由有电力线路工作经验的人员担任。 （2）单独巡线人员应考试合格并经工区［公司（局）、站所］主管生产领导批准。 （3）电缆隧道、偏僻山区和夜间巡线应由两人进行。暑天、大雪天等恶劣天气，必要时由两人进行。单人巡线时，禁止攀登电杆和铁塔。 （4）雷雨、大风天气或事故巡线，巡视人员应穿绝缘鞋或绝缘靴。 （5）暑天山区巡线应配备必要的防护工具和药品；夜间巡线应携带足够的照明工具。 （6）特殊巡线应注意选择路线，防止洪水、塌方、恶劣天气等对人的伤害。 （7）巡线时，严禁穿凉鞋，防止扎脚。 （8）巡线人员应带一根不短于1.2m的木棒，防止动物袭击

（二）巡视种类

1. 定期性巡视

定期性巡视的目的是经常掌握配电线路各部件的运行状况、沿线情况以及随季节而变化的其他情况。定期性巡视可由线路专责人单独进行，但巡视中不得攀登杆塔及带电设备，并应与带电设备保持足够的安全距离，如 10kV 不小于 0.7m。

2. 特殊性巡视

特殊性巡视是指遇有气候异常变化（如大雪、大雾、暴风、大风、沙尘暴等）、自然灾害（如地震、河水泛滥等）、线路过负荷以及重要政治活动、大型节假日等特殊情况时，针对线路全部或全线某段、某些部件进行的巡视，以便发现线路的异常变化和损坏。

3. 夜间巡视

夜间巡视在线路高峰负荷时进行，主要利用夜间的有利条件发现接头有无发热打火、绝缘子表面有无闪络放电等现象。

4. 故障性巡视

故障性巡视的目的是为了查明线路发生故障的地点和原因，以便排除。无论线路故障重合闸成功与否，均应在故障跳闸或发现接地后立即进行巡视。

5. 监察性巡视

监察性巡视由运行部门领导和线路专责技术人员进行，也可由专责巡线人员互相交叉进行，目的是为了了解线路和沿线情况，检查专责人员巡线工作质量，并提高其工作水平。监察性巡视可在春季、秋季安全检查及高峰负荷时进行，可全面巡视，也可抽巡。

（三）巡视周期

按照《配电网运行规程》（Q/GDW 519—2010）规定，定期性巡视周期为城镇公用电网及专线每月巡视一次，郊区及农村线路每季至少一次。特殊性巡视的周期不做规定，根据实际情况随时进行。夜间巡视周期为公用电网及专线每半年一次，其他线路每年一次。监察性巡视周期为重要线路和事故多的线路每年至少一次。

线路巡视周期见表 2-2。

表 2-2 线路巡视周期

巡视项目	周期	备注
定期性巡视	10kV 城镇公用电网及专线：每月一次	
	10kV 郊区及农村线路：每季一次	
	低压一般每季至少一次	

续表

巡视项目	周期	备注
特殊性巡视		根据需要
夜间巡视	每年至少冬、夏季各进行一次	根据负荷情况
故障性巡视		根据需要
监察性巡视	重要线路和事故多的线路每年至少一次	

（四）巡视内容

1. 导线的巡视检查

（1）裸导线的巡视检查。

1）导线有无断股、烧伤，在化工和沿海地区的导线有无腐蚀现象。

2）各相弧垂是否一致，有无过紧或过松。

3）接头有无变色、烧熔、锈蚀，铜铝导线连接是否使用过渡线夹（特别是低压中性线接头）。

4）引流线对邻相及对地（杆塔、金具、拉线等）距离是否符合要求（最大风偏时，10kV 对地不小于 200mm，线间不小于 300mm；低压对地不小于 100mm，线间不小于 150mm）。

（2）绝缘导线的巡视检查。

1）绝缘线外皮有无磨损、变形、龟裂等。

2）绝缘护罩扣合是否紧密，有无脱落现象。

3）各相弧垂是否一致，有无过紧或过松。

4）引流线最大风偏时，10kV 对地不应小于 200mm，线间不小于 300mm。

5）沿线有无树枝刮蹭绝缘导线。

6）红外监测技术检查接头有无发热现象。

2. 杆塔的巡视检查

（1）杆塔是否倾斜（混凝土杆：转角杆、直线杆不应大于 15/1000，转角杆不应向内角倾斜，终端杆不应向导线侧倾斜，向拉线侧倾斜应小于 200mm。铁塔：50m 以下不应大于 10/1000，50m 以上不应大于 5/1000）；铁塔构件有无弯曲、变形、锈蚀；螺栓有无松动；混凝土杆有无裂纹（不应有纵向裂纹，横向裂纹不应超过 1/3 周长，且裂纹宽度不应大于 0.2mm）、酥松、钢筋外露，焊接处有无开裂、锈蚀。

（2）基础有无损坏、下沉或上拔，周围土壤有无挖掘或沉陷，寒冷地区电杆有无冻鼓现象。

（3）杆塔位置是否合适，有无被车撞的可能，或被水淹、冲的可能；杆塔周围防洪设施有无损坏、坍塌。

（4）杆塔标志（杆号、相位、警告牌等）是否齐全、明显。

（5）杆塔周围有无杂草和蔓藤类植物附生。有无危及安全的鸟巢、风筝及杂物。

3. 横担和金具的巡视检查

（1）横担有无锈蚀（锈蚀面积超过 1/2）、歪斜（上下倾斜、左右偏歪不应大于横担长度的 2%）、变形。

（2）金具有无锈蚀、变形；螺栓有无松动、缺帽；开口销有无锈蚀、断裂、脱落。

4. 绝缘子的巡视检查

（1）绝缘子有无脏污，是否出现裂纹、闪络痕迹，有无表面硬伤超过 $1cm^2$，扎线有无松动或断落。

（2）绝缘子有无歪斜，紧固螺钉是否松动，铁脚、铁帽有无锈蚀、弯曲。

（3）合成绝缘子伞裙有无破裂、烧伤。

5. 拉线、顶（撑）杆、拉线柱的巡视检查

（1）拉线有无锈蚀、松弛、断股和张力分配不均等现象。

（2）拉线绝缘子是否损坏或缺少。

（3）拉线、抱箍等金具有无变形、锈蚀。

（4）拉线固定是否牢固，拉线基础周围土壤有无突起、沉陷、缺土等现象。

（5）拉桩有无偏斜、损坏。

（6）水平拉线对地距离是否符合要求。

（7）拉线有无妨碍交通或被车碰撞。

（8）顶（撑）杆、拉线柱、保护桩等有无损坏、开裂、腐朽等现象，检查拉线有无使用耐张绝缘子代替拉线绝缘子。

6. 防雷设施的巡视检查

（1）避雷器绝缘裙有无硬伤、老化、裂纹、脏污、闪络。

（2）避雷器的固定是否牢固，有无歪斜、松动现象。

（3）引线连接是否牢固，上下压线有无开焊、脱落，接头有无锈蚀。

（4）引线与相邻杆塔构件的距离是否符合规定。

（5）附件有无锈蚀，接地端焊接处有无开裂、脱落。

7. 接地装置的巡视检查

（1）接地引下线有无断股、损伤、丢失。

（2）接头接触是否良好，线夹螺栓有无松动、锈蚀。

（3）接地引下线的保护管有无破损、丢失，固定是否牢靠。

（4）接地体有无外露、严重腐蚀，在埋设范围内有无土方工程。

8. 接户线的巡视检查

（1）线间距离和对地、对建筑物等交叉跨越距离是否符合规定。

（2）绝缘层有无老化、损坏。

（3）接头接触是否良好，有无电化腐蚀现象。

（4）绝缘子有无破损、脱落。

（5）支持物是否牢固，有无腐朽、锈蚀、损坏等现象。

（6）弧垂是否合适，有无混线、烧伤现象。

9. 线路保护区的巡视检查

（1）线路上有无搭落的树枝、金属丝、锡箔纸、塑料布、风筝等。

（2）线路周围有无堆放易被风刮起的锡箔纸、塑料布、草垛等。

（3）沿线有无易燃、易爆物品和腐蚀性液、气体。

（4）有无危及线路安全运行的建筑脚手架、吊车、树木、烟囱、天线、旗杆等。

（5）线路附近有无敷设管道、修桥筑路、挖沟修渠、平整土地、砍伐树木及在线路下方修房栽树、堆放土石等。

（6）线路附近有无新建的化工厂、农药厂、电石厂等污染源及打靶场、开石爆破等不安全现象。

（7）导线对其他电力线路、弱电线路的距离是否符合规定。

（8）导线对地、道路、公路、铁路、管道、索道、河流、建筑物等距离是否符合规定。

（9）防护区内有无植树、种竹情况及导线与树、竹间距离是否符合规定。

（10）线路附近有无射击、放风筝、抛扔外物、飘洒金属和在杆塔、拉线上拴牲畜等。

（11）查明沿线发生江河泛滥、山洪和泥石流等异常现象。

（12）有无违反《电力设施保护条例》的建筑。

（五）巡视记录

架空配电线路巡视记录应填写以下有关内容：

（1）按照《架空配电线路及设备运行规程》（SD 292—1988）的规定填写。

（2）巡视种类分别填写定期性巡视、特殊性巡视、故障性巡视或监察性巡视。

（3）巡视范围应注明线路的名称和线路起止杆号。

（4）巡视发现异常，要把具体缺陷位置和危害程度写入线路运行情况一栏；巡视无异常，则在线路运行情况一栏填写“正常”。

（5）处理意见一栏填写巡视人发现缺陷后，对缺陷处理的建议方案。

二、配电线路通道的巡视

（一）人员要求

（1）配电运行人员（通道处理人员）必须掌握安全规程知识。

（2）责任心强，并具有一定的电气事故分析判断能力。

（3）熟悉有关配电运行、检修、施工方面的规程内容及设计规程中的相关要求。

（4）具备一定的法律、电力设施防护常识和沟通、协调、交涉、写作能力。

（5）能正确理解有关图纸、资料的内容。

（6）熟悉《电力法》《电力设施保护条例实施细则》及地方政府相关电力设施保护的政策、规定。

（二）工器具配置

工器具配置见表 2-3。

表 2-3　　工 器 具 配 置

√	序号	名称	型号	单位	数量	备注
	1	安全帽		只	根据实际情况	个人安全用具
	2	近电报警器		只	根据实际情况	
	3	手电筒		只	根据实际情况	
	4	望远镜		只	根据实际情况	
	5	绝缘测距杆		根	1	
	6	测高仪		台	1	
	7	测距仪		台	根据实际情况	
	8	照相机	胶卷式	只	根据实际情况	

（三）巡视流程

配电线路通道巡视流程见图 2–1 和图 2–2。

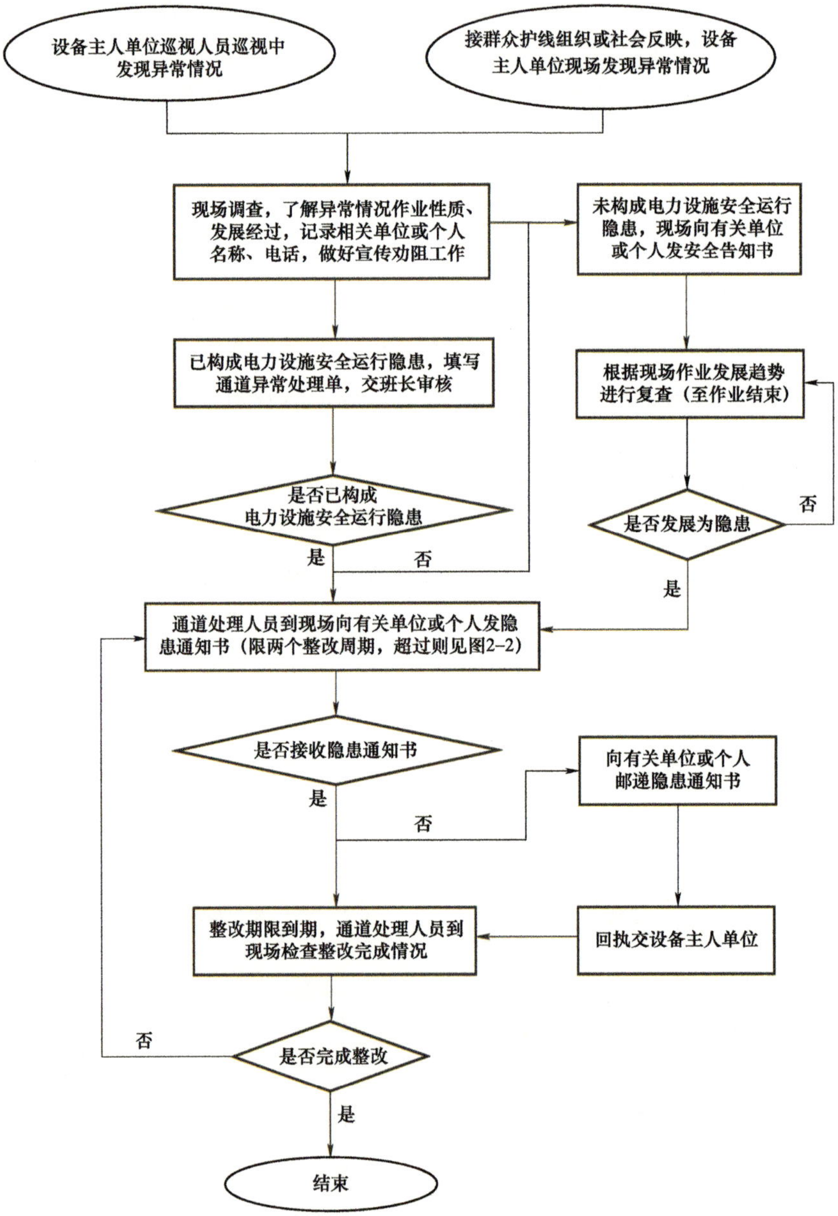

图 2–1　巡视流程 1

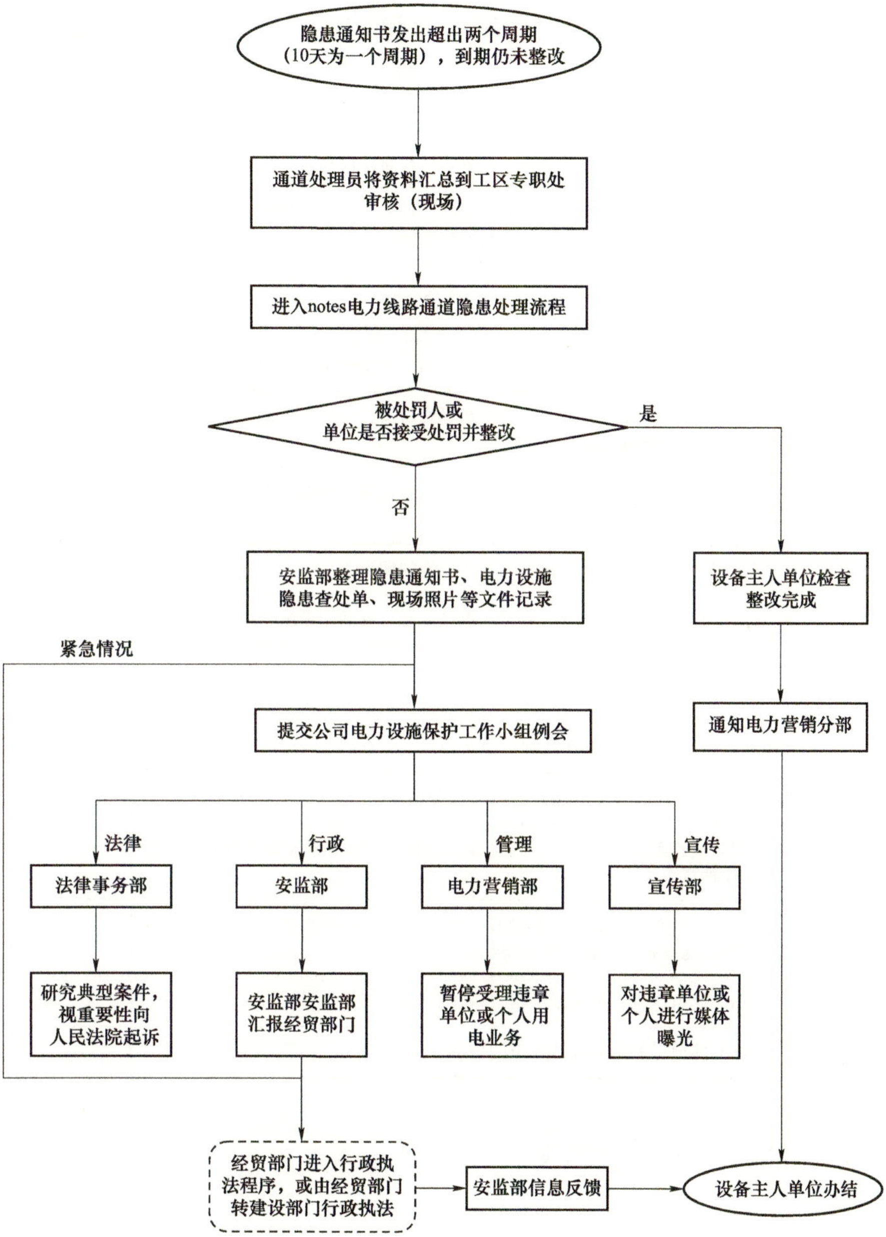

图 2-2　巡视流程 2

注　在图 2-1 的流程中，当巡线员或通道处理员发现已严重威胁设备安全时，应立即进入图 2-2 所示流程。

（四）配电线路通道巡视标准作业卡

配电线路通道巡视标准化作业卡见表 2-4。

表 2-4 配电线路通道巡视标准作业卡

所在线路： 巡视人： 巡视日期： 气象条件：

巡视事项	巡视内容	巡视结果
通道	（1）线路保护区内有无易燃、易爆物品和腐蚀性液（气）体	
	（2）导线对地，对道路、公路、铁路、索道、河流、建筑物等的距离应符合相关规定，有无可能触及导线的铁烟囱、天线、路灯等	
	（3）有无存在可能被风刮起危及线路安全的物体（如金属薄膜、广告牌、风筝等）	
	（4）线路附近的爆破工程有无爆破手续，其安全措施是否妥当	
	（5）防护区内栽植的树、竹情况及导线与树、竹的距离是否符合规定，有无蔓藤类植物附生威胁安全	
	（6）是否存在对线路安全构成威胁的工程设施（如施工机械、脚手架、拉线、开挖、地下采掘、打桩等）	
	（7）是否存在电力设施被擅自移作他用的现象	
	（8）线路附近出现的高大机械、揽风索及可移动的设施等	
	（9）线路附近的污染源情况	
	（10）线路附近河道、冲沟、山坡的变化，巡视、检修时使用的道路、桥梁是否损坏，是否存在江河泛滥及山洪、泥石流对线路的影响	
	（11）线路附近修建的道路、码头、货物等	
	（12）线路附近有无射击、放风筝、抛扔杂物、飘洒金属和在杆塔、拉线上拴牲畜等	
	（13）是否存在在建、已建违反《电力设施保护条例》及《电力设施保护条例实施细则》的建筑和构筑物	
	（14）通道内有无未经批准擅自搭挂的弱电线路	
	（15）其他可能影响线路安全的情况	

三、配电线路设备的巡视

（一）配电室的巡视

1. 设备安装工程建筑及接地的巡视

（1）是否符合设计要求，是否通风良好，是否防潮、防尘。

（2）是否室内清扫干净，门窗是否符合设计要求，防小动物措施是否齐全。

（3）照明及事故应急照明设施是否齐全，功能是否正常。

（4）配电室内有无设备检修通道。

（5）配电室接地装置的安装是否符合建筑工程设计图纸的要求。接地线规格是否正确，连接是否可靠。

（6）设备安装基础型钢制作材料及工艺标准是否符合设计要求。

（7）基础型钢与预制接地网连接宜采用焊接，焊接（或螺接）是否连接可靠。

（8）设备与基础型钢及预制接地网是否满足至少有两处焊接点明显可见。所有焊点是否做防锈蚀措施。

（9）接地体顶面埋设深度是否符合设计规定。配电室整体接地电阻测量值是否符合设计标准或不大于 4Ω。

（10）高低压电缆进出配电室处是否做好封堵并牢固可靠。

（11）配电室内外是否清扫干净，电缆沟内有无积水、杂物。

（12）照明设施、排风扇等是否工作正常。

2. 变压器的巡视

（1）变压器本体及所有附件有无缺陷，是否安装牢固可靠；油漆是否完整，相色标志是否正确。

（2）变压器顶盖上有无遗留杂物；分接头的位置是否正确；油位是否正常，有无渗油现象。

（3）附件是否齐全，外壳涂层是否完整。

（4）气体继电器安装是否符合相关技术说明书要求。

（5）注油装置内是否注油，显示油位是否正确。

（6）气体继电器、温度继电器所接信号及控制线路是否按设计要求连接，各出口测试是否正确，音响、信号等报告是否正确。

（7）装有气体继电器一侧是否抬高水平基面的 1%～1.5%。

（8）气体压力释放阀挡片或螺栓、螺盖是否拆除。

（9）变压器外壳是否可靠接地，系统中性点是否有重复接地措施。

3. 高低压设备、盘柜及连接的巡视

（1）高低压设备、盘柜固定是否可靠。

（2）母线连接是否牢固，母线支架是否齐全、绝缘良好、无遗留物。

（3）开关设备型号与设计图纸是否相符合。

（4）电气连接部分是否压接牢固、接触良好；连接点处是否受力。

（5）对安装两台及多台变压器的，低压侧进线断路器与母线联络断路器间是否有闭锁装置。一般应禁止变压器低压侧并列运行。

（6）至负控、GPRS 终端等自控装置的电流回路有无开路，电压回路有无短路，接线是否正确。

（7）电容器柜至进线柜信号线连接是否正确。

（8）低压电气设备固定宜采用螺接，螺接连接固定是否可靠。

（9）盘柜的金属框架及基础型钢是否接地（PE）或接零（PEN）可靠。

（10）有无装有电器的可开门，门和框架的接地端子间是否用裸编织铜线连接且有标识。

（11）抽出式成套配电柜推拉是否灵活，有无卡阻碰撞现象。动触头与静触头的中心线是否一致，触头接触是否紧密。

（12）断路器及隔离开关电动、手动分合闸是否灵活，机构有无卡阻。

（13）安装有自备发电机组的客户，与城市供电系统间是否装设可靠的电气及机械闭锁装置，能否实现可靠闭锁、正确投切。变压器二次侧、低压进线开关是否将无压脱扣投用。

4. 二次回路接线的巡视

（1）所有回路接线是否准确，设备制造厂产品制造阶段的各回路设计是否与原电气设计的要求相符。

（2）接线整齐是否美观，连接是否可靠。端子排是否布置合理、标识清楚。

5. 互感器及表计的巡视

（1）互感器外观是否完整无缺损；油漆是否完整，相色是否正确。变比与设计图纸是否相符。一、二次回路接线是否正确。

（2）电流、电压表计指示是否正确。电流表量程与电流互感器变比是否相适配。

6. 铭牌、设备围栏及环境的巡视

（1）电气设备铭牌是否贴于明显位置。

（2）铭牌上是否注明设备生产厂家、设备名称、设备用途、设备容量、设备制造时间等，字迹是否清晰、工整、不易脱色。

（3）设备围栏是否坚固结实，围栏安装位置与高度是否符合设计要求。

（4）有无配备绝缘垫、绝缘鞋、绝缘手套、成套接地线、绝缘操作杆、标示牌、安全带、高压验电笔、消防灭火器等安全工器具。所有安全工器具是否试验合格并在试验周期内。

（5）配电室门上是否挂有“止步，高压危险”标示牌，标示牌规格是否符合国家安全标准（白底、红边、黑字并有红色箭头，尺寸为250mm×200mm）。

（6）杆号、电缆分支箱编号是否涂写正确（新增编号确定办法按各供电单

位有关规定执行）。

（7）环境及绿化是否符合安全、环保且与周围环境相协调的标准。防火通道是否合格。

（8）门窗、通风口有无防小动物措施。

（二）开关站（开闭所）的巡视

1. 10kV 开关柜的巡视

（1）设备安装水平度、垂直度是否在规定的合格范围内。

（2）各种电气距离是否符合要求。

（3）所有辅助设施是否安装完毕，功能是否正常。

（4）柜门是否开闭良好，所有隔板、侧板、顶板、底板的螺栓是否齐全、紧固。

（5）熔断器组件是否良好，熔体规格是否按设计选取，放置方向是否正确。

（6）断路器是否操作顺畅、分合到位、机械指示正确、分合闸位置明显可见。

（7）防误闭锁装置是否完善，闭锁功能是否正常。

（8）外壳、盖板、门、观察窗、通风窗和排气口防护等级是否符合要求，有无足够的机械强度和刚度。

（9）高压开关柜间的间隔措施是否到位。

2. 开关柜的辅助设备的巡视

（1）为了设备和人身的安全，开关柜依据设计是否配置如下辅助设备：① 带电显示器；② 短路和接地故障指示器。

（2）充气式 SF_6 开关柜是否依据需要配备以下辅助设备：① 压力释放通道；② 内部故障电弧限制装置；③ 核相装置；④ 验电器。

3. 互感器的巡视

（1）铭牌标志是否完整、清晰。

（2）外观是否完整、无损伤。

（3）二次接线板引线端子是否连接牢固，绝缘是否良好。

（4）变比及极性是否正确。

（5）所有连接螺栓是否齐全、紧固。

（6）外壳接地是否牢固可靠。

4. 金属氧化物避雷器的巡视

（1）避雷器绝缘外套是否光洁、完整、无损坏。

（2）绝缘底座绝缘电阻是否符合要求。

（3）接线端子与设备连接是否牢固、无应力。

（4）相色标志是否正确、清晰。

5. 接地装置的巡视

（1）接地母线两端与接地网连接是否良好，接地网外露部分的连接是否可靠。

（2）接地线规格是否正确，防腐层是否完好，标志是否齐全、明显。

（3）所有金属箱体、避雷器和电缆头是否可靠接地。

（4）工频接地电阻值是否符合设计规定。

四、架空配电线路现场巡视标准化作业指导书编写要求

（一）标准化作业指导书封面示例

编号：

架空配电线路现场巡视标准化作业指导书

批准：________年____月____日

审核：________年____月____日

编写：________年____月____日

作业负责人：________

作业时间：________年____月____日____时至

________年____月____日____时

________供电公司________

（二）标准化作业指导书正文示例

1. 范围

本标准化作业指导书规定了配电巡视标准化作业的巡视前准备、巡视流程图、巡视周期标准与记录等要求。

本标准化作业指导书适用于配电巡视标准化作业。

2. 规范性引用文件

下列文件对于本文件的应用是必不可少的。凡是注日期的引用文件，仅所注日期的版本适用于本文件。凡是不注日期的引用文件，其最新版本（包括所有的修改单）适用于本文件。

国家电网公司电力安全工作规程（配电部分）（试行）

国家电网科〔2010〕1423 号 配电网运行规程

3. 术语和定义

下列术语和定义适用于本标准化作业指导书。

4. 巡视前准备

（1）劳动组织及人员要求。

1）劳动组织。劳动组织明确了工作所需人员类别、人员职责和作业人员数量，见表 2－5。

表 2－5 劳动组织

序号	人员类别	职责	作业人数
1	巡视人员	（1）严格按要求规定及作业指导书进行巡视； （2）对巡视安全、质量、进度负有责任； （3）发现缺陷及异常时，准确判断类别和原因，及时汇报班长和调度员，并做好记录	1
2	工作负责人	站所巡视和非正常巡视时必须增加工作负责人，负责检查工作人员精神状态、根据班组开工会布置的任务进行巡视、监护现场安全措施的落实到位	1

2）人员要求。表 2－6 明确了工作人员的精神状态，工作人员的资格包括作业技能、安全资质和特殊工种资质等要求。

表 2－6 人员要求

序号	内容	备注
1	巡视人员精神状态正常，无妨碍工作的病症，着装符合要求	
2	巡视人员应熟悉《中华人民共和国电力法》《江苏省电力设施保护条例》等国家法律、法规和公司有关规定	
3	熟悉现场安全作业要求，经年度《国家电网公司电力安全工作规程（配电部分）（试行）》和《配电线路及设备运行规程》考试合格	
4	具备必要电气知识，熟悉所辖区域内电气设备，持有相应的运行资格证书	

（2）备品备件与材料。巡视所需携带的备品备件与材料见表 2－7。

表2-7　　备品备件与材料

序号	名称	型号及规格	单位	数量	备注
1	螺丝		个	根据实际情况	
2	螺帽		个	根据实际情况	
3	安全护套		个	根据实际情况	

（3）工器具与仪器仪表。工器具与仪器仪表主要包括防护器具、仪器仪表等见表2-8。

表2-8　　工器具与仪器仪表

序号	名称	型号及规格	单位	数量	备注
1	安全帽		只	根据实际情况	
2	绝缘鞋		双	根据实际情况	
3	近电报警器		只	根据实际情况	
4	望远镜		只	1	
5	测温仪器		只	1	需要时可携带
6	测高仪		只	1	
7	钳子		只	1	
8	扳手		只	1	
9	警告标志		张	根据实际情况	
10	本区段的线路图		张	根据实际情况	
11	钥匙		套	1	
12	应急灯		盏	根据实际情况	

（4）危险点分析与预防控制措施。表2-9规定了对架空输电线路巡视作业的项目、环境、天气等情况进行危险点分析，制定的对应的预防控制措施。

表2-9　　危险点分析与预防控制措施

序号	防范类型	危险点	预防控制措施
1	触电	误登带电设备	需登高检查时，必须有人监护，并与巡视检查时应与带电设备保持足够的安全距离
2		误入带电间隔	巡视检查时，不得进行其他工作（严禁进行电气工作），不得移开或越过遮栏；必须打开遮拦门检查时，要在监护人监护下进行

续表

序号	防范类型	危险点	预防控制措施
3	触电	高压设备发生接地巡视	（1）高压设备发生接地时，室内不得接近故障点 4m 以内，室外不得靠近故障点 8m 以内； （2）进入上述范围人员必须穿绝缘靴，接触设备的外壳和构架时，必须戴绝缘手套
4			
5		雷雨天气，接地电阻不合格时巡视	雷雨天气，接地电阻不合格，需要巡视高压室时，应穿绝缘靴，并不得靠近避雷器和避雷针
6		高压触电	（1）使用合格的安全工器具； （2）发现缺陷及异常时，应按局缺陷管理制度规定执行，不得擅自处理； （3）巡视设备禁止变更检修现场安全措施，禁止改变检修设备状态； （4）进出高压室，必须随手将门锁好
7			
8			
9			
10	高处坠落	登高	（1）攀登构架检查时，系好安全带； （2）使用梯子检查时，应先固定牢靠
11			
12	其他伤害	摔跌	（1）雨雪天及结冰路滑时，应慢行； （2）夜间巡视应带照明工具
13			
14		中毒	进入 SF_6 高压室提前进行通风 15min，或 SF_6 检测信息无异常、含氧量正常
15		动物	狗、蛇咬，蜂蜇伤人
16		中暑、冻伤	暑天、大雪天必要时由 2 人进行，且做好防暑、防冻措施
17		砸伤	巡视时戴好安全帽
18	开关跳闸	误动误碰	开、关设备门应小心谨慎，防止过大振动
19		缺陷不能及时发现处理	（1）发现紧急缺陷及异常时，及时汇报，并采取必要的控制措施； （2）严格按照巡视路线巡视，不得漏项
20			

5. 巡视流程图

根据巡视全过程控制要求，对巡视项目过程进行优化，而形成的最佳巡视顺序，见图 2–3。

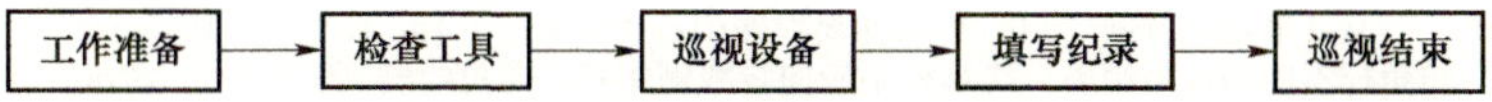

图 2–3　配电巡视流程图

6. 巡视周期、标准与记录

（1）巡视周期。定期巡视周期见表 2–10。

表2-10　　定期巡视周期

序号	巡视对象	周期
1	架空线路通道	市区：一个月 郊区及农村：一个季度
2	电缆线路通道	一个月
3	架空线路、柱上开关设备、柱上变压器、柱上电容器	市区：一个月 郊区及农村：一个季度
4	电缆线路	一个季度
5	中压开关站、环网单元	一个季度
6	配电室、箱式变电站	一个季度
7	防雷与接地装置	与主设备相同
8	配电终端、直流电源	与主设备相同

（2）巡视项目和标准。配电架空线路巡视项目及对应的巡视标准，见表2-11。

表2-11　　架空线路巡视项目和标准

巡视项目	巡视标准
通道	（1）线路保护区内有无易燃、易爆物品和腐蚀性液（气）体； （2）导线对地，对道路、公路、铁路、索道、河流、建筑物等的距离应符合相关规定，有无可能触及导线的铁烟囱、天线、路灯等； （3）有无存在可能被风刮起危及线路安全的物体（如金属薄膜、广告牌、风筝等）； （4）线路附近的爆破工程有无爆破手续，其安全措施是否妥当； （5）防护区内栽植的树、竹情况及导线与树、竹的距离是否符合规定，有无蔓藤类植物附生威胁安全； （6）是否存在对线路安全构成威胁的工程设施（如施工机械、脚手架、拉线、开挖、地下采掘、打桩等）； （7）是否存在电力设施被擅自移作他用的现象； （8）线路附近出现的高大机械、揽风索及可移动的设施等； （9）线路附近的污染源情况； （10）线路附近河道、冲沟、山坡的变化，巡视、检修时使用的道路、桥梁是否损坏，是否存在江河泛滥及山洪、泥石流对线路的影响； （11）线路附近修建的道路、码头、货物等； （12）线路附近有无射击、放风筝、抛扔杂物、飘洒金属和在杆塔、拉线上拴牲畜等； （13）是否存在在建、已建违反《电力设施保护条例》及《电力设施保护条例实施细则》的建筑和构筑物； （14）通道内有无未经批准擅自搭挂的弱电线路； （15）其他可能影响线路安全的情况
杆塔和基础	（1）杆塔是否倾斜、位移，杆塔偏离线路中心不应大于0.1m，混凝土杆倾斜不应大于15/1000，转角杆不应向内角倾斜，终端杆不应向导线侧倾斜，向拉线侧倾斜应小于0.2m； （2）混凝土杆不应有严重裂纹、铁锈水，保护层不应脱落、疏松、钢筋外露，混凝土杆不宜有纵向裂纹，横向裂纹不宜超过1/3周长，且裂纹宽度不宜大于0.5mm；焊接杆焊接处应无裂纹，无严重锈蚀；铁塔（钢杆）不应严重锈蚀，主材弯曲度不得超过5/1000，混凝土基础不应有裂纹、疏松、露筋； （3）基础有无损坏、下沉、上拔，周围土壤有无挖掘或沉陷，杆塔埋深是否符合要求； （4）杆塔有无被水淹、水冲的可能，防洪设施有无损坏、坍塌； （5）杆塔位置是否合适、有无被车撞的可能，保护设施是否完好，警示标志是否清晰；

续表

巡视项目	巡视标准
杆塔和基础	（6）杆塔标志，如杆号牌、相位牌、警告牌、3m线标记等是否齐全、清晰明显、规范统一、位置合适、安装牢固； （7）各部螺丝应紧固，杆塔部件的固定处是否缺螺栓或螺母，螺栓是否松动等； （8）杆塔周围有无藤蔓类攀沿植物和其他附着物，有无危及安全的鸟巢、风筝及杂物； （9）有无未经批准同杆搭挂设施或非同一电源的低压配电线路； （10）基础保护帽上部塔材有无被埋入土或废弃物堆中，塔材有无锈蚀、缺失
横担、金具、绝缘子	（1）铁横担与金具有无严重锈蚀、变形、磨损、起皮或出现严重麻点，锈蚀表面积不应超过1/2，特别要注意检查金具经常活动、转动的部位和绝缘子串悬挂点的金具； （2）横担上下倾斜、左右偏斜不应大于横担长度的2%； （3）螺栓是否紧固，有无缺螺帽、销子，开口销及弹簧销有无锈蚀、断裂、脱落； （4）瓷质绝缘子有无损伤、裂纹和闪络痕迹，釉面剥落面积不应大于100mm²，合成绝缘子的绝缘介质是否龟裂、破损、脱落； （5）铁脚、铁帽有无锈蚀、松动、弯曲偏斜； （6）瓷横担、瓷顶担是否偏斜； （7）绝缘子钢脚有无弯曲，铁件有无严重锈蚀，针式绝缘子是否歪斜； （8）在同一绝缘等级内，绝缘子装设是否保持一致； （9）铝包带、预绞丝有无滑动、断股或烧伤，防振锤有无移位、脱落、偏斜； （10）驱鸟装置工作是否正常
拉线	（1）拉线有无断股、松弛、严重锈蚀和张力分配不匀的现象，拉线的受力角度是否适当，当一基电杆上装设多条拉线时，各条拉线的受力应一致； （2）跨越道路的水平拉线，对路边缘的垂直距离不应小于6m，跨越电车行车线的水平拉线，对路面的垂直距离不应小于9m； （3）拉线棒有无严重锈蚀、变形、损伤及上拔现象，必要时应作局部开挖检查； （4）拉线基础是否牢固，周围土壤有无突起、沉陷、缺土等现象； （5）拉线绝缘子是否破损或缺少，对地距离是否符合要求； （6）拉线不应设在妨碍交通（行人、车辆）或易被车撞的地方，无法避免时应设有明显警示标志或采取其他保护措施，穿越带电导线的拉线应加设拉线绝缘子； （7）拉线杆是否损坏、开裂、起弓、拉直； （8）拉线的抱箍、拉线棒、UT型线夹、楔型线夹等金具铁件有无变形、锈蚀、松动或丢失现象； （9）顶（撑）杆、拉线桩、保护桩（墩）等有无损坏、开裂等现象； （10）拉线的UT型线夹有无被埋入土或废弃物堆中； （11）因环境变化，拉线是否妨碍交通
导线	（1）导线有无断股、损伤、烧伤、腐蚀的痕迹，绑扎线有无脱落、开裂，连接线夹螺栓应紧固、无跑线现象，7股导线中任一股损伤深度不得超过该股导线直径的1/2，19股及以上导线任一处的损伤不得超过3股； （2）三相弛度是否平衡，有无过紧、过松现象，三相导线弛度误差不得超过设计值的－5%或＋10%，一般档距内弛度相差不宜超过50mm； （3）导线连接部位是否良好，有无过热变色和严重腐蚀，连接线夹是否缺失； （4）跳（档）线、引线有无损伤、断股、弯扭； （5）导线的线间距离，过引线、引下线与邻相的过引线、引下线、导线之间的净空距离以及导线与拉线、电杆或构件的距离应符合规定； （6）导线上有无抛扔物； （7）架空绝缘导线有无过热、变形、起泡现象； （8）支持绝缘子绑扎线有无松弛和开断现象； （9）与绝缘导线直接接触的金具绝缘罩是否齐全、有无开裂、发热变色变形，接地环设置是否满足要求； （10）线夹、连接器上有无锈蚀或过热现象（如接头变色、熔化痕迹等），连接线夹弹簧垫是否齐全，螺栓是否紧固； （11）过引线有无损伤、断股、松股、歪扭，与杆塔、构件及其他引线间距离是否符合规定

（3）巡视记录。配电巡视记录见表2－12。

表2-12 配电线路巡视记录

<table>
<tr><td>线路名称</td><td colspan="3"></td><td>巡视类别</td><td></td></tr>
<tr><td>班组</td><td></td><td>巡视人员</td><td></td><td>巡视日期</td><td></td></tr>
<tr><td colspan="6">巡视结果</td></tr>
</table>

序号	杆号	巡视结果

巡视人员签名：

习 题

1. 多选：电力电缆线路巡视检查，应每月巡查一次的是（ ）。

A. 电缆隧道 B. 充油电缆塞 C. 接地箱

2. 单选：10kV 馈线正常运行时，电缆网中单环网接线最高负载率不宜超过 50%，双环网接线最高负载率不宜超过（ ）。

A. 33.3% B. 50% C. 66.7% D. 75%

3. 简答：配电架空线路巡视的目的是什么？

4. 简答：配电线路的巡视类型有什么？

5. 简答：对线路通道的人员的要求有哪些？

第二节 配电设备的倒闸操作

学习目标

1. 了解并掌握配电常用调度术语

2. 学习并掌握配电倒闸操作相关要求和基本步骤

3. 能够根据操作任务独立开具配电设备的倒闸操作票并完成倒闸操作

4. 能够审核配电设备的倒闸操作票并作为监护人监护他人完成倒闸操作

知识点

一、配电常用调度术语

1. 电气操作术语

（1）倒负荷：是指将线路（或变压器）负荷转移到其他线路（或变压器）供电的操作。

（2）合环：是指将线路、变压器或断路器串构成的网络闭合运行的操作。

（3）解环：是指将线路、变压器或断路器串构成的闭合网络开断运行的操作。

（4）核相：是指用仪表或其他手段核对两电源或环路相位、相序是否相同的操作。

2. 常用动词

（1）合上：是指各种断路器（开关）、隔离开关（刀闸）通过人工操作使其由分闸位置转为合闸位置的操作。

（2）拉开（断开）：是指各种断路器（开关）、隔离开关（刀闸）通过人工操作使其由合闸位置转为分闸位置的操作。

（3）投入、停用、退出：是指使继电保护、安全自动装置等设备达到指令状态的操作。

（4）装设地线（挂地线）：是指通过接地短路线使电气设备全部或部分可靠接地的操作。

（5）拆除地线：是指将接地短路线从电气设备上取下并脱离接地的操作。

3. 一次设备状态

（1）运行状态：是指设备或电气系统带有电压，其功能有效。母线、线路、断路器、变压器、电抗器、电容器及电压互感器等一次电气设备的运行状态，是指从该设备电源至受电端的电路接通并有相应电压（无论是否带有负荷），且控制电源、继电保护及自动装置正常投入。

（2）热备用状态：是指该设备已具备运行条件，经一次合闸操作即可转为运行状态的状态。母线、变压器、电抗器、电容器及线路设备的热备用状态，是指连接该设备的各侧均无安全措施，各断路器全部在断开位置，且至少一组断路器各侧隔离开关处合上位置，设备继电保护投入，断路器的控制、合闸及信号电源投入。断路器的热备用是指其本身在断开位置，各侧隔离开关在合闸位置，设备继电保护及自动装置满足带电要求。

（3）冷备用状态：是指连接该设备的各侧均无安全措施，且连接该设备的各侧均有明显断开点或可判断的断开点。

（4）检修状态：是指连接设备的各侧均有明显的断开点或可判断断开点，需要检修的设备已接地的状态，或该设备与系统彻底隔离，与断开点设备没有物理连接时的状态。

4. 调度指令种类

（1）单项令：是指出值班调度员下达的单项操作的操作指令。

示例：拉开××开关（断路器）；合上××开关（断路器）；拉开××接地刀闸；合上××接地刀闸。

（2）综合令：是指发令人说明操作任务、要求、操作对象的起始和终结状态，具体操作步骤和操作顺序由受令人拟定的调度指令。只涉及一个单位完成的操作才能使用综合令。

示例：将××开关由运行状态转为检修状态；将××开关由检修状态转为运行状态。

（3）逐项令：是指根据一定的逻辑关系，按顺序下达的综合令或单项令。

二、倒闸操作相关要求和基本步骤

1. 一般要求

（1）倒闸操作应严格执行《电力安全工作规程（配电部分）（试行）》的有关规定。

（2）运维单位应熟悉本单位配电网设备的调度管辖权限。调度部门管辖设备的倒闸操作应按调度指令进行，操作完毕后应立即向当值调度员汇报；运维单位管辖设备的倒闸操作应由有资质的发令人指令进行，操作完毕后应立即向发令人汇报。

（3）倒闸操作应由两人进行，一人操作，一人监护，并认真执行唱票、复诵制。

（4）倒闸操作除事故紧急处理和拉合断路器（开关）的单一操作外，均应使用操作票。操作票应根据发令人的操作指令（口头、电话）填写或打印，不使用操作票的操作应在完成后做好记录。

（5）操作票原则上由操作人填写，经操作人和监护人审票合格后分别签名。开票人和审票人不得为同一人。

（6）操作票应以运维单位为单位，按使用顺序连续编号，一个年度内编号不得重复。作废、未执行、已执行的操作票应在相应位置盖章。

（7）操作票应每月统计一次，统计结果与操作票一起装订成册，保存一年。

2. 操作票填写要求

（1）操作票应用黑色或蓝色的钢（水）笔或圆珠笔逐项填写。用计算机开出的操作票应与手写格式票面统一。操作票票面应清楚整洁，不得任意涂改。

（2）操作票应填写设备双重名称。填写操作票严禁并项、添项及用勾划的方法颠倒操作顺序。开关、隔离刀闸、接地刀闸、接地线、压板、切换开关、熔断器等均应视为独立的操作对象，单独列项。

（3）每张操作票只能填写一个操作任务。一个操作任务需连续使用几页操作票时，则在前一页“备注”栏内注明“接下页”，在后一页的“操作任务”栏内注明“接上页”。

（4）下列项目应填入操作票内：

1）应拉合的设备（开关、隔离刀闸、接地刀闸、熔断器等），验电，装拆接地线，检验是否确无电压等。

2）拉合设备（开关、隔离刀闸、接地刀闸、熔断器等）后检查设备的位置。

3）进行停、送电操作时，在拉合刀闸、手车式开关拉出、推入前，检查开关确在分闸位置。

4）设备检修后合闸送电前，检查送电范围内接地刀闸（装置）已拉开，接地线已拆除。

3. 倒闸操作基本步骤

（1）接受调度预令，拟票：

1）接受调度预令，应由有资质的配电网运维人员进行，一般由监护人进行。

2）接受调度指令时，应做好录音。

3）对指令有疑义时，应向当值调度员报告，由当值调度员决定原调度指令是否执行；当执行该项指令将威胁人身、设备安全或直接造成停电事故时，应拒绝执行，并将拒绝执行指令的理由，报告当值调度员和本单位领导。

4）受令人向开票人布置开票，开票人依据实际运行方式、相关图纸、资料和工作票安全措施要求等进行开票，审核无误后签名。

（2）审核操作票：

1）监护人对操作票进行全面审核，确认无误后签名；复杂操作应由配电网管理人员审核操作票。

2）审核时发现操作票有误即作废操作票，令拟票人重新填写操作票，再履行审票手续。

（3）明确操作目的，做好危险点分析和预控：

1）监护人应向操作人明确本次操作的目的和预定操作时间。

2）监护人应组织查阅危险点预控资料，分析本次操作过程中的危险点，提出针对性预控措施。

（4）接受正令、模拟预演：

1）调度操作正令应由有资质的配电网运维人员接令，一般由监护人接令；现场操作人员没有接到发令时间不得进行操作。

2）接受调度指令时，应做好录音。

3）受令人在操作票上填写发令人、受令人、发令时间，并向操作人当面布置操作任务，交待危险点及控制措施。

4）操作人复诵无误，在监护人、操作人签名后，准备相应的安全、操作工器具。

5）监护人逐项唱票，操作人逐项复诵，模拟预演。

（5）核对设备命名和状态：

1）监护人记录操作开始时间。

2）操作人找到操作设备命名牌，监护人核对无误。

（6）逐项唱票复诵，操作并勾票：

1）监护人应按操作票的顺序，高声唱票；操作人复诵无误后，进行操作，并检查设备状况。

2）监护人逐步打“√”。

3）操作完毕，监护人记录操作结束时间。

（7）向调度汇报操作结束及时间：

1）监护人检查操作票已正确执行。

2）汇报调度应由有资质的配电网运维人员进行，原则上由原接正令人员向调度汇报，并做好相应记录。

（8）更改图板指示，签销操作票，复查评价：

1）操作人更改图板指示或核对一次系统图，监护人监视并核查。

2）全部任务操作完毕后，由监护人在规定位置盖“已执行”章，做好记录，并对整个操作过程进行评价。

技能操作

一、柱上断路器、负荷开关、隔离开关倒闸操作

1. 一般要求

（1）拉、合柱上断路器、隔离开关至少应由两人进行，应使用与线路额定电压相符，并经试验合格的绝缘棒，操作人员应戴绝缘手套。

（2）雨天操作时，为满足绝缘要求，应使用带有防雨罩的绝缘棒。

（3）登杆前，应根据操作票上的操作任务，核对线路名称和杆号，核对需操作开关的双重名称。

2. 操作顺序

（1）一侧装有隔离开关的断路器的操作。先拉开断路器，确认断路器在断开位置后，再拉开隔离开关，确认隔离开关在断开位置后，及时悬挂“严禁合闸，线路有人工作”警示牌。

（2）双侧装有隔离开关的断路器的操作。先拉开断路器，确认断路器在断开位置后，再拉开负荷侧隔离开关，确认隔离开关在断开位置，然后拉开电源侧隔离开关，确认隔离开关在断开位置后及时悬挂“严禁合闸，线路有人工作”警示牌。

（3）送电操作顺序与停电相反，先合上隔离开关（双侧装有隔离开关时先合电源侧，后合负荷侧），确认隔离开关在合闸位置后，再合上断路器，确认断路器在合闸位置。

3. 示例：单侧装有三相分离式隔离开关（刀闸）的柱上断路器、负荷开关操作票

操作任务：××线××开关从运行改为冷备用

配电倒闸操作票

单位：×××　　　　编号：×××

发令人	调度员	受令人	李四	发令时间：	××年 5 月 24 日 7 时 50 分
开票时间：××年 5 月 22 日 15 时 00 分					
操作地点：××线××杆					
操作任务：××线××开关从运行改为冷备用					
操作开始时间：	××年 5 月 24 日 8 时 00 分				

续表

序号	操作项目					✓	
1	核对现场线路名称编号、杆号、开关名称编号正确无误						
2	检查××线××开关处于合闸位置						
3	拉开××线××开关						
4	确认××线××开关已拉开						
5	检查××线××隔离刀闸处于合闸位置						
6	拉开××线××隔离刀闸的 B 相						
7	拉开××线××隔离刀闸的 A 相						
8	拉开××线××隔离刀闸的 C 相						
9	确认××线××隔离刀闸已拉开						
10	在×线×杆悬挂“禁止合闸，线路有人工作”警示牌						
操作结束时间:	××年 5 月 24 日 8 时 15 分						
备注	刀闸水平排列，B 相为中相，A 相为远边相						
开票人	张三	审票人	李四	操作人	张三	监护人	李四

二、跌落式熔断器倒闸操作

1. 一般要求

（1）操作跌落式熔断器应至少由两人进行，应使用与线路额定电压相符，并经试验合格的绝缘棒，操作人员应戴绝缘手套。

（2）雨天操作时，为满足绝缘要求，应使用带有防雨罩的绝缘棒。

（3）带负荷拉、合跌落式熔断器时会产生电弧，负荷电流越大电弧也越大，所以在操作跌落式熔断器前应先将低压侧负荷断开。

（4）拉、合跌落式熔断器应迅速果断，但不能用力过猛，以免损坏跌落式熔断器。

（5）跌落式熔断器停、送电操作应逐相进行，同时必须考虑跌落式熔断器在杆上的布置和操作时的风向。

2. 操作顺序

（1）单台配电变压器停运操作时，首先拉开变压器低压侧总开关，再操作高压侧跌落式熔断器。

（2）拉开跌落式熔断器时，一般规定为先拉中间相，再拉下风侧边相，最后拉上风侧边相。

（3）送电操作顺序与停电相反。

3. 示例：配电变压器跌落式熔断器操作票

操作任务：××线××配电变压器停运

配电倒闸操作票

单位：×××　　　　编号：×××

发令人	调度员	受令人	李四	发令时间：	××年5月26日8时50分
开票时间：××年5月24 日16时00分					
操作地点：××线××杆					
操作任务：××线××配电变压器停运					

操作开始时间：	××年5月26日9时00分	
序号	操作项目	√
1	核对现场线路名称编号、杆号、配电变压器名称正确无误	
2	检查××线××配电变压器低压总开关处于合闸位置	
3	拉开××线××配电变压器低压总开关	
4	确认××线××配电变压器低压总开关已拉开	
5	检查××线××配电变压器令克处于合闸位置	
6	拉开××线××配电变压器中相令克	
7	拉开××线××配电变压器下风侧令克	
8	拉开××线××配电变压器上风侧令克	
9	确认××线××配电变压器令克已拉开	
10	在×线×杆悬挂“禁止合闸，线路有人工作”警示牌	
操作结束时间：	××年5月26日9时15分	
备注		

开票人	张三	审票人	李四	操作人	张三	监护人	李四

三、环网柜倒闸操作

某10kV配电所一次接线图

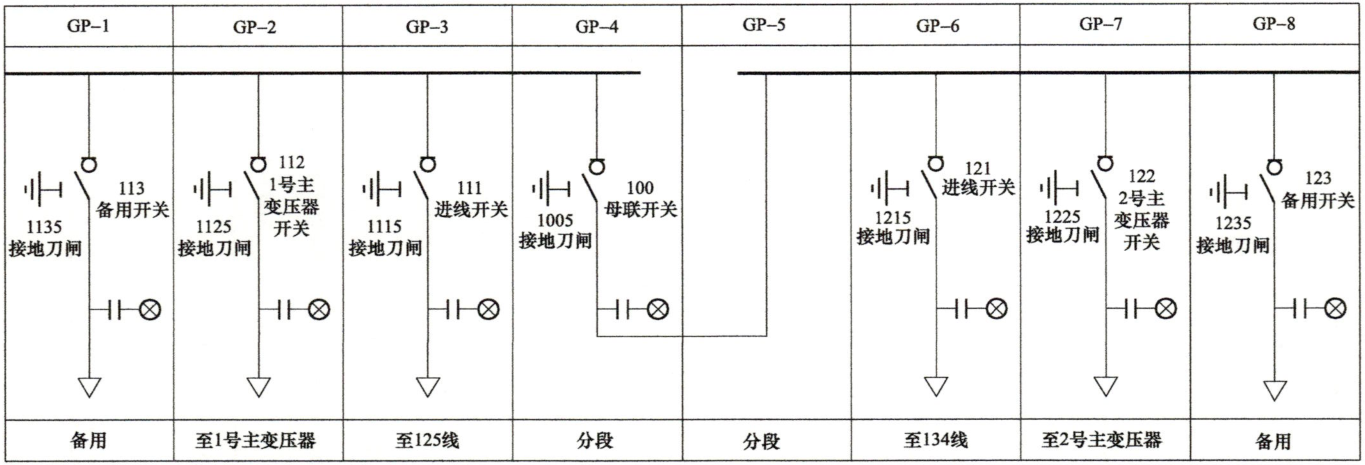

注：125进线开关、134进线开关、100母联开关之间，具有三锁二钥匙闭锁功能。

操作任务：125 线 111 进线开关运行转冷备用，Ⅰ段母线负荷由 134 线转（采用“冷倒”方式）。

操作票示例：

配电倒闸操作票

单位：×××　　　　　　　　　　　　　　　　　　编号：×××

发令人	调度员	受令人	李四	发令时间：	××年 5 月 28 日 9 时 50 分
开票时间：××年 5 月 27 日 8 时 35 分					
操作地点：某 10kV 配电所					
操作任务：125 线 111 进线开关运行转冷备用，Ⅰ段母线负荷由 134 线转供					

操作开始时间：	××年 5 月 28 日 10 时 05 分	
序号	操作项目	√
1	核对现场运方与一次模拟图正确无误	
2	预演操作模拟图	
3	检查 112 1 号主变压器开关处于合闸位置	
4	拉开 112 1 号主变压器开关	
5	确认 112 1 号主变压器开关已拉开	
6	检查 112 1 号主变压器开关出线侧带电显示器三相显示无电压	
7	检查 125 线 111 进线开关处于合闸位置	
8	拉开 125 线 111 进线开关	
9	确认 125 线 111 进线开关已拉开	
10	起出 125 线 111 进线开关三锁二联钥匙	
11	插入 100 母联开关三锁二联钥匙	
12	检查 100 母联开关处于分闸位置	
13	合上 100 母联开关	
14	确认 100 母联开关已合上	
15	合上 112 1 号主变压器开关	
16	确认 112 1 号主变压器开关已合上	
17	检查 112 1 号主变压器开关出线侧带电显示器三相显示有电压	
操作结束时间：	××年 5 月 28 日 10 时 25 分	
备注		

开票人	张三	审票人	李四	操作人	张三	监护人	李四

四、中置柜倒闸操作

某10kV配电所一次接线图

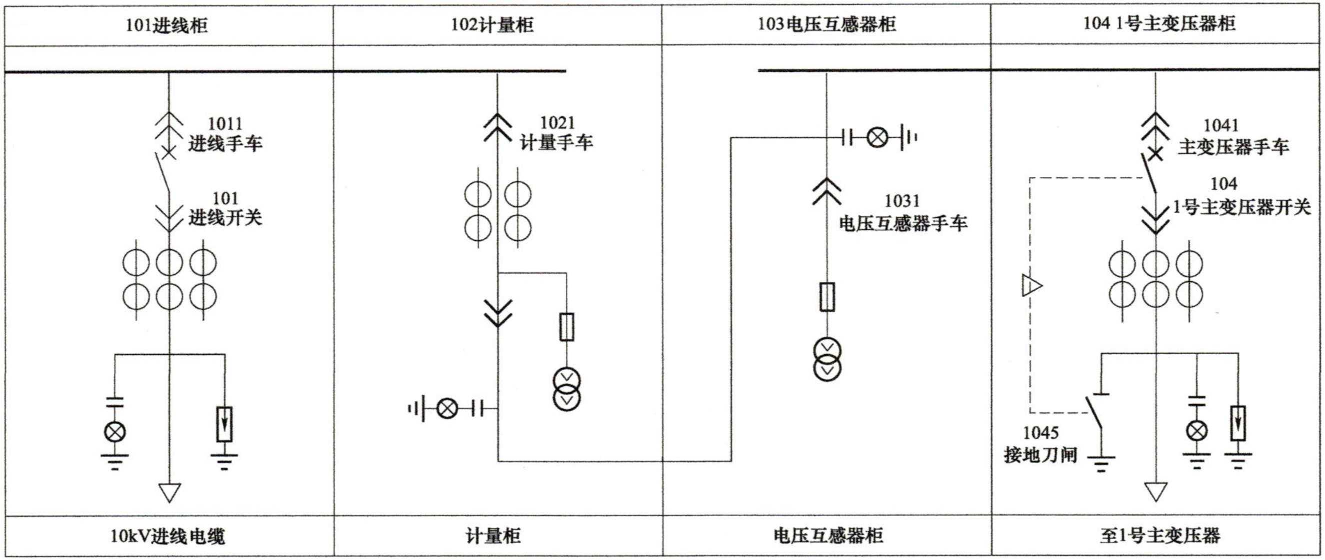

操作任务：104 1 号主变压器柜由运行状态改为检修状态

操作票示例：

配电倒闸操作票

单位：×××　　编号：×××

发令人	调度员	受令人	李四	发令时间：	××年 5 月 29 日 10 时 50 分
开票时间：××年 5 月 27 日 16 时 35 分					
操作地点：某 10kV 配电所					
操作任务：104 1 号主变压器柜由运行状态改为检修状态					

操作开始时间：	××年 5 月 29 日 11 时 05 分	
序号	操作项目	√
1	核对现场运方与一次模拟图正确无误	
2	预演操作模拟图	
3	将操作方式开关由“远方”位置切至“就地”位置	
4	检查 104 1 号主变压器开关处于合闸位置	
5	拉开 104 1 号主变压器开关	
6	确认 104 1 号主变压器开关已拉开	
7	检查 104 1 号主变压器开关出线侧带电显示器三相显示无电压	
8	检查 1041 主变压器手车处于“工作”位置	
9	将 1041 主变压器手车由“工作”位置摇至“试验”位置	
10	确认 1041 主变压器手车已处于“试验”位置	
11	检查 1045 接地刀闸处于分闸位置	
12	合上 1045 接地刀闸	
13	确认 1045 接地刀闸已合上	
14	在 104 1 号主变压器开关操作旋钮处悬挂“禁止合闸，有人工作”警示牌	
操作结束时间：	××年 5 月 29 日 11 时 25 分	
备注		

开票人	张三	审票人	李四	操作人	张三	监护人	李四

习　题

1. 单选：某电气一次设备各侧均无安全措施，且连接该设备的各侧均有明显断开点或可判断的断开点，则该设备处于以下哪种状态？（　　）

A. 运行状态　　B. 热备用状态

C. 冷备用状态　　D. 检修状态

2. 多选：以下哪些调度指令为综合令？（　　）

A. 拉开××开关

B. 将××开关由运行状态转换为检修状态

C. 合上××开关接地刀闸

D. 10kV××线××开关以下线路停电

3. 单选：对跌落式熔断器进行停电操作，一般应先拉开（　　）。

A. 上风侧边相　　B. 下风侧边相

C. 中间相　　D. 远边相

4. 多选：倒闸操作前，应核对（　　）。

A. 线路走向　　B. 设备双重名称

C. 设备状态　　D. 线路名称

第三节　配电线路常用检测技术

学习目标

1. 了解并掌握红外测温仪的使用和应用
2. 了解并掌握温度热像仪的使用和应用

知 识 点

一、红外测温仪的使用和应用

（一）用途

红外线测温技术是一项简便、快捷的设备状态在线检测技术。红外测温仪主要用来对各种户内、户外高压电气设备和输配电线路（包括电力电缆）运行温度进行带电检测，可以大大减少甚至从根本上杜绝由于电气设备异常发热而引起的设备损坏和系统停电事故，具有不停电、不取样、非接触、直观、准确、灵敏度高、快速、安全、应用范围广等特点，是保证电力设备安全、经济运行的重要技术措施。

红外线测温仪测被测目标点温度数字式技术采用：① 点测量，测定物体全部表面温度；② 温差测量，比较两个独立点的温度测量；③ 扫描测量，探测在宽的区域或连续区域目标变化。其检测得到的被测目标点的温度结果以数字形式在显示器上显示。

（二）基本原理与结构

1. 基本原理

红外测温仪应用非电量的电测法原理，由光学系统、光电探测器、信号放大器及信号处理、显示输出等部分组成。通过接收被测目标物体发射、反射和传导的能量来测量其表面温度。测温仪内的探测元件将采集的能量信息输送到微处理器中进行处理，然后转换成温度由读数显示器显示。

2. 结构分类

红外测温仪根据原理分为单色测温仪和双色测温仪（又称辐射比色测温仪）。

（1）单色测温仪在进行测温时，被测目标面积应充满测温仪视场，被测目标尺寸超过视场大小 50%为好。如果目标尺寸小于视场，背景辐射能量就会进入而干扰测温读数，容易造成误差。

（2）双色测温仪在进行测温时，其温度是由两个独立的波长带内辐射能量的比值来确定的，因此不会对测量结果产生重大影响。

（三）操作步骤与缺陷判断

1. 操作步骤

（1）检测操作时，应充分利用红外测温仪的有关功能并进行修正，以达到检测最佳效果。

（2）红外测温仪在开机后，先进行内部温度数值显示稳定，然后进行功能修正步骤。

（3）红外测温仪的测温量程（所谓“光点尺寸”）宜设置修正至安全及合适范围内。

（4）为使红外测温仪的测量准确，测温前一般要根据被测物体材料发射率修正。

（5）发射率修正的方法是：根据不同物体的发射率（见表 2－13）调整红外测温仪放大器的放大倍数（放大器倍数＝1/发射率），使具有某一温度的实际物体的辐射在系统中所产生的信号与具有同一温度的黑体所产生的信号相同。

表 2－13　　　　常用材料发射率的选择（推荐）

材料	金属	瓷套	带漆金属
发射率（μm）	0.80	0.85	0.90

（6）红外测温仪检测时，先对所有应测试部位进行激光瞄准器瞄准，检查有无过热异常部位，然后再对异常部位和重点被检测设备进行检测，获取温度值数据。

（7）检测时，应及时记录被测设备显示器显示的温度值数据。

2. 缺陷判断

（1）表面温度判断法。根据测得的设备表面温度值，对照《高压交流开关设备和控制设备标准的共用技术要求》（GB/T 11022—2020）中高压开关设备和控制设备各种部件、材料和绝缘介质的温度和温升极限的有关规定，结合环境气候条件、负荷大小进行分析判断。

（2）同类比较判断法：

1）根据同组三相设备之间对应部位的温差进行比较分析。

2）一般情况下，对于电压致热的设备，当同类温差超过允许温升值的 30% 时，应定为重大缺陷。

（3）档案分析判断法。分析同一设备不同时期的检测数据，找出设备致热参数的变化，判断设备是否正常。

（四）操作注意事项

（1）在检测时，离被检设备以及周围带电运行设备应保持相应电压等级的安全距离。

（2）不应在有雷、雨、雾、雪的情况下进行，风速一般不大于 5m/s。

（3）在有噪声、电磁场、振动和难以接近的环境中，或其他恶劣条件下，宜选择双色测温仪。

（4）被检设备为带电运行设备，并尽量避开视线中的遮挡物。由于光学分辨率的作用，测温仪与测试目标之间的距离越近越好。

（5）检测不宜在温度高的环境中进行。检测时环境温度一般不低于 0℃，空气相对湿度不大于 95%，检测同时记录环境温度。

（6）在户外检测时，晴天要避免阳光直接照射或反射的影响。

（7）在检测时，应避开附近热辐射源的干扰。

（8）防止激光对人眼的伤害。

（五）日常维护事项

（1）仪器专人使用，专人保管。

（2）保持仪器表面的清洁。

（3）仪器长时间存放时，应间隔一段时间开机运行，以保持仪器性能稳定。

（4）电池充电完毕应停止充电，如果要延长充电时间，不要超过 30min，不能对电池进行长时间充电。仪器不使用时，应把电池取出。

（5）仪器应定期进行校验，每年校验或比对一次。

二、红外温度热成像仪的使用和应用

（一）用途

红外温度热成像仪测量目标点温度成像图技术是一项简便、快捷的设备状态在线检测技术，主要用来对各种户内、户外高压电气设备和输配电线路（包括电力电缆）运行温度进行带电检测，其结果在电视屏或监视器上成像显示，可以反映电力系统各种户内、户外高压电气设备和输配电线路（包括电力电缆）设备温度不均匀的图像，检测异常发热区域，及时发现设备存在的缺陷。具有不停电、不取样、非接触、直观、准确、灵敏度高、快速、安全、应用范围广等特点。大大减少由于电气设备异常发热而引起的设备损坏和系统停电事故，是保证电力设备安全、经济运行重要技术措施。

（二）基本原理与结构

1. 基本原理

红外温度热成像仪是利用红外探测器、光学成像镜和光机扫描系统（目前先进的焦平面技术则省去了光机扫描系统）接收被测目标的红外辐射能量分布图形，反映到红外探测器的光敏元件上，在光学系统和红外探测器之间，有一个光扫描机构（焦平面热像仪无此机构）对被测物体的红外热像进行扫描，并聚焦在单元或多元分光探测器上，由探测器将红外辐射能转换成电信号，经过放大处理、转换或标准视频信号通过电视屏或监视器显示红外热成像图。

2. 结构分类

（1）红外温度热成像仪一般分光机扫描热成像仪和非光机扫描热成像仪两类。

（2）光机扫描热像仪。成像系统采用单元或多元（元数有 8、10、16、23、48、55、60、120、180，甚至更多）光电导或光伏红外探测器。用单元探测器时速度慢，主要是帧幅响应的时间不够快，多元阵列探测器可做成高速实时热像仪。

（3）非光机扫描热成像仪。近几年推出的阵列式凝视成像的焦平面热成像仪，属新一代的热成像装置，在性能上大大优于光机扫描热成像仪。

（三）操作步骤与缺陷判断

1. 操作步骤

（1）红外温度热成像仪在开机后，先进行内部温度校准，在图像稳定后进行功能设置修正。

（2）红外温度热成像仪热像系统的测温量程宜设置修正在环境温度加温升（10～20K）之间进行检测。

（3）红外温度热成像仪的测温辐射率，应正确选择被测物体材料的比辐射率（见表 2－14）进行修正。

（4）检测时应充分利用红外温度热成像仪的有关功能（温度宽窄调节、电平值大小调节等）达到最佳检测效果，如图像均衡、自动跟踪等。

表 2－14　　常用材料比辐射率的选择（推荐）

材料	金属	瓷套	带漆金属
比辐射率（μm）	0.90	0.92	0.94

（5）红外温度热成像仪有大气条件的修正模型，可将大气温度、相对湿度、测量距离等补偿参数输入，进行修正并选择适当的测温范围。

（6）检测时先用红外温度热成像仪对被检测设备所有应测试部位进行全面扫描，检查有无过热异常部位，然后对异常部位和重点部位进行准确检测。

2. 缺陷判断

（1）表面温度判断法。根据测得的设备表面温度值，对照 GB/T 11022—2020 中高压开关设备和控制设备各种部件、材料和绝缘介质的温度和温升极限的有关规定，结合环境气候条件、负荷大小进行分析判断。

（2）相对温度判断法：

1）两个对应测点之间的温差与其中较热点的温升之比的百分数。

2）对电流致热的设备，采用相对温差可减小设备小负荷下的缺陷漏判。

（3）同类比较判断法：

1）根据同组三相设备之间对应部位的温差进行比较分析。

2）一般情况下，对于电压致热的设备，当同类温差超过允许温升值的 30% 时，应定为重大缺陷。

（4）图像特征判断法。根据同类设备的正常状态和异常状态的热图像判断设备是否正常。当电气设备其他试验结果合格时，应排除各种干扰对图像的影响，才能得出结论。

（5）档案分析判断法。分析同一设备不同时期的检测数据，找出设备致热参数的变化，判断设备是否正常。

（四）操作注意事项

（1）在检测时，离被检设备以及周围带电运行设备应保持相应电压等级的安全距离。

（2）被检设备为带电运行设备，应尽量避开视线中的遮挡物。

（3）检测时以阴天、多云气候为宜，晴天（除变电站外）尽量在日落后检测。在室内检测要避开灯光的直射，最好闭灯检测。

（4）不应在有雷、雨、雾、雪的情况下进行，风速一般不大于 5m/s。

（5）检测时，环境温度一般不低于 5℃，空气相对湿度不大于 85%。

（6）由于大气衰减的作用，检测距离应越近越好。

（7）检测电流致热的设备，宜在设备负荷高峰下进行，一般不低于设备负荷的 30%。

（8）在有电磁场的环境中，热像仪连续使用时，每隔 5～10min，或者图像出现不均衡现象时（如两侧测得的环境温度比中间高），应进行内部温度校准。

（五）日常维护事项

（1）仪器专人使用，专人保管。

（2）保持仪器表面的清洁，镜头脏污可用镜头纸轻轻擦拭。不要用其他物品清洗或直接擦拭。

（3）避免镜头直接照射强辐射源，以免对探测器造成损伤。

（4）仪器长时间存放时，应间隔一段时间开机运行，以保持仪器性能稳定。

（5）电池充电完毕，应该停止充电，如果要延长充电时间，不要超过 30min，不能对电池进行长时间充电。仪器不使用时，应把电池取出。

（6）仪器应定期进行校验，每年校验或比对一次。

习 题

1. 简答：红外测温仪的基本原理是怎样的？
2. 简答：红外测温仪使用操作时应注意哪些问题？

3. 简答：红外温度热成像仪的基本原理是怎样的？
4. 简答：红外温度热成像仪的操作注意事项？
5. 简答：红外温度热成像仪的用途？

第四节　配电线路缺陷管理

学习目标

1. 了解并掌握缺陷的定义和分类
2. 了解并掌握缺陷和隐患的处理方法
3. 能够正确分辨配电线路及设备各类缺陷以及缺陷等级

知识点

一、缺陷的定义和分类

根据《配电网运维规程》（Q/GDW 1519—2014），设备缺陷是指配电网设备本身及周边环境出现的影响配电网安全、经济和优质运行的情况。超出消缺周期仍未消除的设备危急缺陷和严重缺陷，则为安全隐患。

设备缺陷按其对人身、设备、电网的危害或影响程度，划分为一般、严重和危急三个等级：

（1）一般缺陷：设备本身及周围环境出现不正常情况，一般不威胁设备的安全运行，可列入年、季检修计划或日常维护工作中处理的缺陷。

（2）严重缺陷：设备处于异常状态，可能发展为事故，但仍可在一定时间内继续运行，须加强监视并进行检修处理的缺陷。

（3）危急缺陷：严重威胁设备的安全运行，不及时处理，随时有可能导致事故的发生，应尽快消除或采取必要的安全技术措施进行处理的缺陷。

二、缺陷与隐患处理方法

（1）缺陷与隐患在发现与处理过程中，应进行统一记录，内容包括缺陷与隐患的地点、部位、发现时间、缺陷描述、缺陷设备的厂家和型号、等级、计划处理时间、检修时间、处理情况、验收意见等。

（2）缺陷发现后，应按照《配电网设备缺陷分类标准》（Q/GDW 745—2012）严格进行分类和分级，并按照《配网设备状态评价导则》（Q/GDW 645—2011）进行状态评价，按照《配网设备状态检修导则》（Q/GDW 644—2011）确定检修策略，开展消缺工作。

（3）设备缺陷与隐患的消除应优先采取不停电作业方式。

（4）危急缺陷消除时间不得超过 24h，严重缺陷应在 30 天内消除，一般缺陷可结合检修计划尽早消除，但应处于可控状态。

（5）缺陷处理过程应实行闭环管理，主要流程包括运行发现—上报管理部门—安排检修计划—检修消缺—运行验收，采用信息化系统管理的，也应按该流程在系统内流转。

（6）被判定为安全隐患的设备缺陷，应继续按照设备缺陷管理规定进行处理，同时纳入安全隐患管理流程闭环督办。

（7）设备带缺陷或隐患运行期间，运行单位应加强监视，必要时制订相应应急措施。

（8）定期开展缺陷与隐患统计、分析和报送工作，及时掌握缺陷与隐患的产生原因和消除情况，有针对性制订应对措施。

三、配电线路及设备缺陷类别

（一）架空线路缺陷

1. 杆塔缺陷

（1）杆塔本体缺陷（见图 2-4）。

1）危急缺陷：① 水泥杆本体倾斜度（包括挠度）≥3%，钢管杆倾斜度≥1%，50m 以下高度铁塔塔身倾斜度≥2%，50m 及以上≥1.5%；② 水泥杆杆身有纵向裂纹，横向裂纹宽度超过 0.5mm 或横向裂纹长度超过周长的 1/3；③ 水泥杆表面风化、露筋，角钢塔主材缺失，随时可能发生倒杆塔风险。

2）严重缺陷：① 水泥杆本体倾斜度（包括挠度）2%～3%，50m 以下高度铁塔塔身倾斜度 1.5%～2%，50m 及以上 1%～1.5%；② 水泥杆杆身横向裂纹宽度 0.4～0.5mm 或横向裂纹长度为周长的 1/6～1/3；③ 杆塔镀锌层脱落、开裂，塔材严重锈蚀；④ 角钢塔承力部件缺失；⑤ 同杆低压线路与高压不同电源。

3）一般缺陷：① 水泥杆本体倾斜度（包括挠度）1.5%～2%，50m 以下高度铁塔塔身倾斜度 1%～1.5%，50m 及以上 0.5%～1%；② 水泥杆杆身横向裂纹宽度 0.25～0.4mm 或横向裂纹长度为周长的 1/10～1/6；③ 杆塔镀锌层脱落、开裂，塔材中度锈蚀；④ 角钢塔一般斜材缺失；⑤ 低压同杆弱电线路未经批准搭挂；⑥ 道路旁的杆塔防护设施设置不规范或应该设防护设施而未设置；⑦ 杆塔本体有异物。

图 2-4 杆塔本体缺陷

（2）杆塔基础缺陷（见图 2-5）。

1）危急缺陷：① 水泥杆埋深不足标准要求的 65%；② 杆塔基础有沉降，沉降值≥25cm，引起钢管杆倾斜度≥1%。

2）严重缺陷：① 水泥杆埋深不足标准要求的 80%；② 杆塔基础有沉降，15cm≤沉降值＜25cm。

3）一般缺陷：① 水泥杆埋深不足标准要求的 95%；② 杆塔基础轻微沉降，5cm≤沉降值＜15cm；③ 杆塔保护设施损坏。

2. 导线缺陷（见图 2-6）

（1）危急缺陷：

1）7 股导线中 2 股、19 股导线中 5 股、35～37 股导线中 7 股损伤深度超过该股导线截面的 1/2，钢芯铝绞线钢芯断 1 股者，绝缘导线线芯在同一截面内损伤面积超过线芯导电部分截面的 17%；

图 2-5　杆塔基础缺陷

图 2-6　导线缺陷

2）导线电气连接处，实测温度＞90℃或相间温差＞40K；

3）导线交跨距离、水平距离和导线间电气距离不符合《配电网运维规程》（Q/GDW 1519—2014）要求；

4）导线上挂有大异物将会引起相间短路等故障。

（2）严重缺陷：

1）导线弧垂不满足运行要求，实际弧垂达到设计值 120%以上，或过紧只有设计值 95%以下；

2）7 股导线中 1 股、19 股导线中 3～4 股、35～37 股导线中 5～6 股损伤深度超过该股导线截面的 1/2，绝缘导线线芯在同一截面内损伤面积达到线芯导电部分截面的 10%～17%；

3）导线连接处，80℃＜实测温度≤90℃或 30K＜相间温差≤40K；

4）导线有散股、灯笼现象，一耐张段出现 3 处及以上散股；

5）架空绝缘线绝缘层破损，一耐张段出现 3 至 4 处绝缘破损、脱落现象或出现大面积绝缘破损、脱落；

6）导线严重锈蚀。

（3）一般缺陷：

1）导线弧垂不满足运行要求，实际弧垂在设计值的 110%～120%；

2）19 股导线中 1～2 股、35～37 股导线中 1～4 股损伤深度超过该股导线截面的 1/2，绝缘导线线芯在同一截面内损伤面积小于线芯导电部分截面的 10%；

3）导线连接处，75℃＜实测温度≤80℃或 10K＜相间温差≤30K；

4）导线一耐张段出现散股、灯笼现象 1 处；

5）架空绝缘线绝缘层破损，一耐张段出现 2 处绝缘破损、脱落现象；

6）导线中度锈蚀；

7）绝缘护套脱落、损坏、开裂；

8）导线有小异物不会影响安全运行。

3. 绝缘子缺陷（见图 2-7）

（1）危急缺陷：

1）表面有严重放电痕迹；

2）有裂缝，釉面剥落面积＞100mm^2；

3）固定不牢固，严重倾斜。

（2）严重缺陷:

1）有明显放电；

2）釉面剥落面积≤100mm^2；

3）合成绝缘子伞裙有裂纹；

4）固定不牢固，中度倾斜。

（3）一般缺陷：

1）污秽较为严重，但表面无明显放电；

2）固定不牢固，轻度倾斜。

4. 横担缺陷（见图 2–8）

（1）危急缺陷：

1）横担主件（如抱箍、连铁、撑铁等）脱落；

2）横担弯曲、倾斜、严重变形。

（2）严重缺陷：

1）横担有较大松动；

2）横担严重锈蚀（起皮和严重麻点，锈蚀面积超过 1/2）；

3）横担上下倾斜、左右偏歪大于横担长度的 2%。

（3）一般缺陷：

1）横担连接不牢靠，略有松动；

2）横担上下倾斜、左右偏歪不足横担长度的 2%。

图 2–7 绝缘子缺陷

图 2–8 横担缺陷

5. 拉线缺陷

（1）钢绞线缺陷（见图 2–9）。

1）危急缺陷：① 断股＞17%截面；② 水平拉线对地距离不能满足要求。

2）严重缺陷：① 严重锈蚀；② 断股7%～17%截面；③ 道路边的拉线应设防护设施（如护坡、保护管等）而未设置；④ 拉线绝缘子未按规定设置；⑤ 明显松弛，电杆发生倾斜；⑥ 拉线金具不齐全。

3）一般缺陷：① 中度锈蚀；② 断股＜7%截面，摩擦或撞击；③ 道路边的拉线防护设施设置不规范；④ 中度松弛。

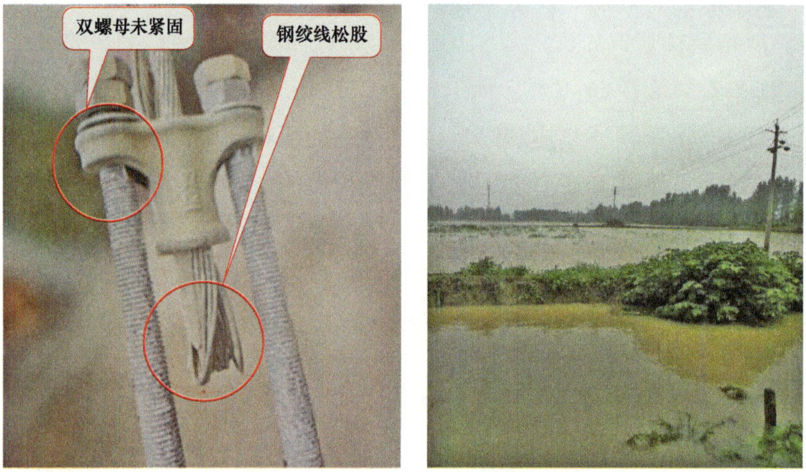

图 2-9 拉线钢绞线缺陷

（2）基础缺陷（见图 2-10）。

1）危急缺陷：① 拉线基础埋深不足标准要求的65%；② 基础有沉降，沉降值≥25cm。

2）严重缺陷：① 拉线基础埋深不足标准要求的80%；② 基础有沉降，15cm≤沉降值＜25cm。

3）一般缺陷：① 拉线基础埋深不足标准要求的95%；② 基础有沉降，5cm≤沉降值＜15cm。

6. 通道缺陷（见图 2-11）

（1）危急缺陷：

1）导线对交跨物安全距离不满足《配电网运维规程》（Q/GDW 1519—2014）规定要求；

2）线路通道保护区内树木距导线距离，在最大风偏下水平距离：架空裸导线≤2m，绝缘线≤1m；在最大弧垂情况下垂直距离：架空裸导线≤1.5m，绝缘线≤0.8m。

（2）严重缺陷：线路通道保护区内树木距导线距离，在最大风偏下水平距离：架空裸导线在 2～2.5m 之间，绝缘线在 1～1.5m 之间；在最大弧垂情况下垂直距离：架空裸导线在 1.5～2m 之间，绝缘线在 0.8～1m 之间。

（3）一般缺陷：

1）线路通道保护区内树木距导线距离，在最大风偏下水平距离：架空裸导线为 2.5～3m，绝缘线为 1.5～2m；在最大弧垂情况下垂直距离：架空裸导线为 2～2.5m，绝缘线为 1～1.5m；

2）通道内有违章建筑、堆积物。

图 2－10 拉线基础缺陷

图 2－11 线路通道缺陷

7. 接地装置缺陷（见图 2－12）

（1）接地引下线缺陷。

1）危急缺陷：① 严重锈蚀（大于截面直径或厚度 30%）；② 出现断开、断裂。

2）严重缺陷：① 中度锈蚀（大于截面直径或厚度 20%，小于 30%）；② 连接松动，接地不良；③ 截面不满足要求。

3）一般缺陷：① 轻度锈蚀（小于截面直径或厚度 20%）；② 无明显接地。

（2）接地体缺陷。

1）严重缺陷：埋深不足（耕地＜0.8m，非耕地＜0.6m）。

2）一般缺陷：接地电阻值不符合设计规定。

图 2-12　接地装置缺陷

8. 标识缺陷（见图 2-13）

（1）严重缺陷：设备标识、警示标识错误。

（2）一般缺陷：

1）设备标识、警示标识安装位置偏移；

2）无标识或缺少标识。

（二）柱上 SF_6 开关缺陷（见图 2-14）

1. 套管缺陷

（1）危急缺陷：

1）严重破损；

2）表面有严重放电痕迹。

（2）严重缺陷：

1）外壳有裂纹（撕裂）或破损；

2）有明显放电。

（3）一般缺陷：

1）略有破损；

2）污秽较为严重，但表面无明显放电。

2. 开关本体缺陷

（1）危急缺陷：

1）电气连接处，实测温度＞90℃或相间温差＞40K；

图 2–13　线路标识缺陷

图 2–14　柱上 SF_6 开关缺陷

2）表面有严重放电痕迹；

3）气压表在闭锁区域范围；

4）折算到 20℃下，绝缘电阻＜300MΩ。

（2）严重缺陷：

1）严重锈蚀；

2）有明显放电；

3）电气连接处，80℃＜实测温度≤90℃或 30K＜相间温差≤40K；

4）气压表在告警区域范围；

5）折算到 20℃下，绝缘电阻＜400MΩ；

6）主回路直流电阻试验数据与初始值相差≥100%。

（3）一般缺陷：

1）中度锈蚀；

2）污秽较为严重；

3）电气连接处，75℃＜实测温度≤80℃或 10K＜相间温差≤30K；

4）折算到 20℃下，绝缘电阻＜500MΩ；

5）主回路直流电阻试验数据与初始值相差≥20%。

3. 操作机构缺陷

（1）动作机构缺陷。

1）危急缺陷：连续2次及以上操作不成功；

2）严重缺陷：① 严重锈蚀；② 严重卡涩；③ 无法储能；④ 一次操作不正确。

3）一般缺陷：① 轻微卡涩；② 中度锈蚀。

（2）分合闸指示器缺陷。

严重缺陷：指示不正确。

4. 接地缺陷

（1）接地引下线缺陷。

1）危急缺陷：① 严重锈蚀（大于截面直径或厚度30%）；② 出线断开、断裂。

2）严重缺陷：① 中度锈蚀（大于截面直径或厚度20%，小于30%）；② 连接松动，接地不良；③ 截面不满足要求。

3）一般缺陷：① 轻度锈蚀（小于截面直径或厚度20%）；② 无明显接地。

（2）接地体缺陷。

1）严重缺陷：埋深不足（耕地＜0.8m，非耕地＜0.6m）；

2）一般缺陷：接地电阻值＞10Ω。

5. 互感器缺陷

（1）危急缺陷：

1）绝缘电阻折算到20℃下，一次＜1000MΩ，二次＜1MΩ；

2）外壳和套管有严重破损。

（2）严重缺陷：外壳和套管有裂纹（撕裂）或破损。

（3）一般缺陷：外壳和套管略有破损。

6. 标识缺陷

（1）严重缺陷：设备标识、警示标识错误。

（2）一般缺陷：

1）设备标识、警示标识安装位置偏移；

2）无标识或缺少标识。

（三）跌落式熔断器缺陷（见图2－15）

（1）危急缺陷：

1）严重破损；

2）表面有严重放电痕迹；

3）操作有剧烈弹动已不能正常操作；

4）电气连接处，实测温度＞90℃或相间温差＞40K。

（2）严重缺陷：

1）有裂纹（撕裂）或破损；

2）表面有明显放电痕迹；

3）操作有剧烈弹动但能正常操作；

4）严重锈蚀；

5）电气连接处，80℃＜实测温度≤90℃或30K＜相间温差≤40K。

（3）一般缺陷：

1）略有破损；

2）污秽较为严重，但表面无明显放电；

3）操作有弹动但能正常操作；

4）中度锈蚀；

5）固定松动，支架位移、有异物；

6）绝缘罩损坏；

7）电气连接处，75℃＜实测温度≤80℃或10K＜相间温差≤30K。

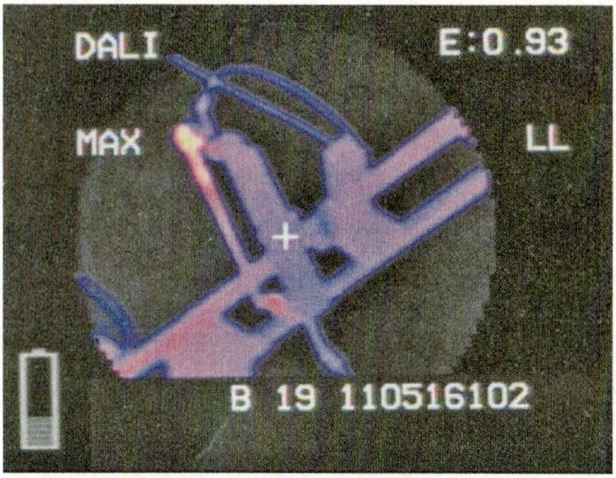

图 2－15 跌落式熔断器缺陷

（四）配电变压器缺陷（见图 2－16）

1. 绕组及套管缺陷

（1）高低压套管缺陷。

1）危急缺陷：① 严重破损；② 有严重放电痕迹；③ 1.6MVA 以上的配电变压器相间直流电阻大于三相平均值的 2%或线间直流电阻大于三相平均值

的 1%；1.6MVA 及以下的配电变压器相间直流电阻大于三相平均值的 4%或线间直流电阻大于三相平均值的 2%。

2）严重缺陷：① 外壳有裂纹（撕裂）或破损；② 污秽严重，有明显放电痕迹；③ 绕组及套管绝缘电阻与初始值相比降低 30%及以上。

3）一般缺陷：① 略有破损；② 污秽较严重；③ 绕组及套管绝缘电阻与初始值相比降低 20%～30%。

图 2-16 配电变压器缺陷

（2）导线接头及外部连接缺陷。

1）危急缺陷：① 线夹与设备连接平面出现缝隙，螺丝明显脱出，引线随时可能脱出；② 线夹破损断裂严重，有脱落的可能，对引线无法形成紧固作用；③ 截面损失 25%以上；④ 电气连接处，实测温度＞90℃或相间温差＞40K。

2）严重缺陷：① 截面损失达 7%以上，但小于 25%；② 电气连接处，80℃＜实测温度≤90 或 30K＜相间温差≤40K。

3）一般缺陷：① 截面损失＜7%；② 电气连接处，75℃＜实测温度≤80 或 10K＜相间温差≤30K。

（3）高、低压绕组缺陷。

1）严重缺陷：① 声响异常；② Yyn0 接线三相不平衡率＞30%；Dyn11 接线三相不平衡率＞40%。

2）一般缺陷：① Yyn0 接线三相不平衡率为 15%～30%；Dyn11 接线三相不平衡率为 25%～40%；② 干式变压器器身温度超出厂家允许值的 10%。

2. 分接开关缺陷

严重缺陷：机构卡涩，无法操作。

3. 冷却系统缺陷

（1）温控装置缺陷。

严重缺陷：温控装置无法启动。

（2）风机缺陷。

严重缺陷：风机无法启动。

4. 油箱缺陷

（1）油箱本体缺陷。

1）危急缺陷：漏油（滴油）。

2）严重缺陷：① 严重渗油；② 严重锈蚀；③ 配电变压器上层油温超过95℃或温升超过55K。

3）一般缺陷：① 轻微渗油；② 明显锈斑。

（2）油位计缺陷。

1）危急缺陷：油位不可见。

2）严重缺陷：油位计破损。

3）一般缺陷：① 油位低于正常油位的下限，油位可见；② 油位指示不清晰。

（3）呼吸器缺陷。

1）严重缺陷：① 硅胶桶玻璃破损；② 硅胶潮解全部变色。

2）一般缺陷：硅胶潮解变色部分超过总量的2/3或硅胶自上而下变色。

5. 接地缺陷

（1）接地引下线缺陷。

1）危急缺陷：① 严重锈蚀（大于截面直径或厚度30%）；② 出线断开、断裂。

2）严重缺陷：① 中度锈蚀（大于截面直径或厚度20%，小于30%）；② 连接松动，接地不良；③ 截面不满足要求。

3）一般缺陷：轻度锈蚀（小于截面直径或厚度20%）。

（2）接地体缺陷。

1）危急缺陷：严重锈蚀（大于截面直径或厚度30%）。

2）严重缺陷：① 较严重锈蚀（大于截面直径或厚度20%，小于30%）；② 埋深不足（耕地＜0.8m，非耕地＜0.6m）；③ 接地电阻不合格（容量100kVA及以上配电变压器接地电阻＞4Ω，容量100kVA以下配电变压器接地电阻值＞10Ω）。

3）一般缺陷：中度锈蚀（大于截面直径或厚度10%，小于20%）。

6. 绝缘油缺陷

（1）危急缺陷：耐压试验不合格。

（2）一般缺陷：颜色较深。

7. 标识缺陷

（1）严重缺陷：设备标识、警示标识错误。

（2）一般缺陷：

1）设备标识、警示标识安装位置偏移；

2）无标识或缺少标识。

（五）开关柜缺陷（见图 2-17）

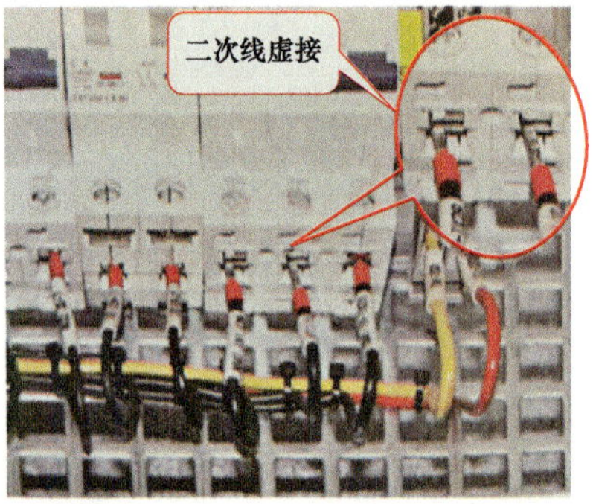

图 2-17 开关柜缺陷

1. 开关本体缺陷

（1）危急缺陷：

1）表面有严重放电痕迹；

2）严重破损；

3）位置指示相反或无指示；

4）存在严重放电声音；

5）电气连接处，实测温度>90℃或相间温差>40K；

6）气压表在闭锁区域范围；

7）折算到 20℃下，绝缘电阻<300MΩ。

（2）严重缺陷：

1）位置指示有偏差；

2）存在异常放电声音；

3）电气连接处，80℃<实测温度≤90℃或 30K<相间温差≤40K；

4）气压表在告警区域范围；

5）折算到 20℃下，绝缘电阻<400MΩ；

6）主回路直流电阻试验数据与初始值相差≥100%；

7）压力释放通道失效；

8）带电检测局部放电测试数据异常。

（3）一般缺陷：

1）污秽较为严重，但表面无明显放电；

2）电气连接处，75℃＜实测温度≤80℃或10K＜相间温差≤30K；

3）折算到20℃下，绝缘电阻＜500MΩ；

4）主回路直流电阻试验数据与初始值相差≥50%。

2. 附件缺陷

（1）互感器缺陷。

1）危急缺陷：① 表面有严重放电痕迹；② 严重破损；③ 绝缘电阻折算到20℃下，一次＜1000MΩ，二次＜1MΩ。

2）严重缺陷：① 有明显放电；② 外壳有裂纹（撕裂）或破损。

3）一般缺陷：① 污秽较为严重，但表面无明显放电；② 略有破损。

（2）避雷器缺陷。

1）危急缺陷：① 表面有严重放电痕迹；② 严重破损；③ 绝缘电阻折算到20℃下，一次＜1000MΩ。

2）严重缺陷：① 外壳有裂纹（撕裂）或破损；② 接线方式不符合运行要求且未做警示标志。

3）一般缺陷：① 污秽较为严重，但表面无明显放电；② 略有破损。

（3）加热器缺陷。

严重缺陷：无法运行造成湿度过高。

（4）温湿度控制器缺陷。

严重缺陷：无法运行。

（5）故障指示器缺陷。

严重缺陷：无法运行。

（6）熔断器缺陷。

1）危急缺陷：严重破损。

2）严重缺陷：有裂纹（撕裂）或破损。

3）一般缺陷：略有破损。

（7）母线缺陷。

危急缺陷：折算到20℃下，绝缘电阻＜1000MΩ。

3. 操动系统及控制回路缺陷

（1）操作机构缺陷。

1）严重缺陷：发生拒动、误动。

2）一般缺陷：卡涩。

（2）分合闸线圈缺陷。

危急缺陷：无法正常运行。

（3）辅助开关缺陷。

一般缺陷：① 卡涩、接触不良；② 曾发生切换不到位，原因不明。

（4）二次回路缺陷。

1）危急缺陷：脱线、断线。

2）严重缺陷：机构控制或辅助回路绝缘电阻＜1MΩ。

（5）端子缺陷。

严重缺陷：破损、缺失。

（6）“五防”装置缺陷。

1）严重缺陷：装置故障。

2）一般缺陷：装置功能不完善。

4. 辅助部件缺陷

（1）带电显示器缺陷。

严重缺陷：显示异常。

（2）仪表缺陷。

1）严重缺陷：2 处以上表计指示失灵。

2）一般缺陷：1 处表计指示失灵。

（3）接地引下线缺陷。

1）危急缺陷：① 严重锈蚀（大于截面直径或厚度 30%）；② 出线断开、断裂。

2）严重缺陷：① 中度锈蚀（大于截面直径或厚度 20%，小于 30%）；② 连接松动，接地不良；③ 截面不满足要求。

3）一般缺陷：① 轻度锈蚀（小于截面直径或厚度 20%）；② 无明显接地。

（4）接地体缺陷。

1）严重缺陷：埋深不足。

2）一般缺陷：接地电阻值＞4Ω。

（5）标识缺陷。

1）严重缺陷：设备标识、警示标识错误。

2）一般缺陷：① 设备标识、警示标识安装位置偏移；② 无标识或缺少标识。

习　题

1. 多选：根据《配电网运维规程》（Q/GDW 1519—2014），配电网设备缺陷划分为哪几个等级（　　）？

A. 普通缺陷　　B. 严重缺陷　　C. 一般缺陷　　D. 危急缺陷

2. 单选：严重缺陷应在（　　）天内消除？

A. 1　　B. 7　　C. 30　　D. 120

3. 单选：200kVA 的杆上变压器接地电阻值要求不大于（　　）Ω?

A. 1　　B. 2　　C. 4　　D. 10

第三章

配电线路及设备检修

第一节 架空配电线路检修

学习目标

1. 掌握配电线路成套拉线制作、终端杆耐张绝缘子串更换、绝缘线损伤处理、直线杆正杆等检修方法和检修工艺

2. 能胜任配电架空线路及设备常规检修工作

知识点

一、配电线路成套拉线制作

（一）拉线

拉线的作用是利用自身产生的力矩平衡杆塔承受的不平衡力矩，增加杆塔的稳定性。凡承受固定性不平衡荷载比较显著的电杆，如终端杆、转角杆、跨越杆等，均应装设拉线。为了避免线路受强大风力荷载的破坏，或在土质松软的地区为了增加电杆的稳定性，也应装设拉线。在施工过程中，如立杆、紧线，为保持杆塔稳定及横担单侧受力时不变形，也要用到（临时）拉线。

拉线由上把、下把和中间部分组成。拉线一般用镀锌钢绞线及标准拉线金具制作（也有用镀锌铁线绞和制作）。拉线的上把一般用楔型线夹（也可用液压、爆压线夹）制作，其下把一般用可调 UT 型线夹（也可用花篮螺栓）制作，拉线的连接见图 3－1。

拉线的制作和装设应符合工艺和设计图纸要求，且应符合《电气装置安装工程 66kV 及以下架空电力线路施工及验收规范》（GB 50173—2014）中有关拉线的规定。水泥杆的拉线一般不装设拉线绝缘子，如拉线从导线之间穿过，应设拉线绝缘子。拉线不得有锈蚀、松动现象，其连接金具及调整金具不应有变形、裂纹或缺少螺栓和锈蚀现象。

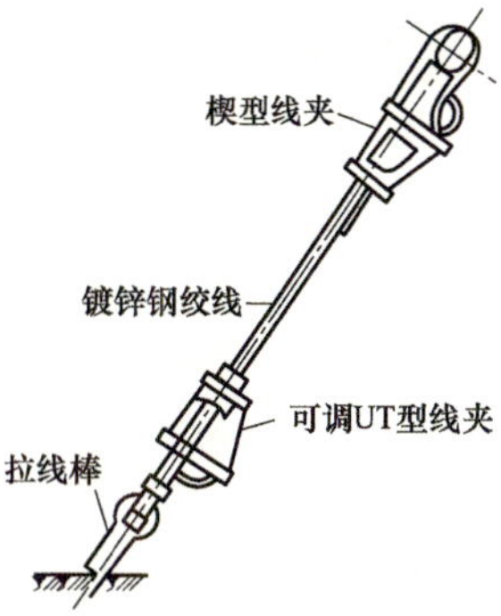

图 3－1 拉线的连接

（二）危险点分析与控制措施

1. 登杆和杆上作业

（1）为防止误登杆塔，登杆塔前，作业人员应核对停电线路的双重编号后，方可工作。

（2）登杆塔前要对杆塔检查，包括杆塔是否有裂纹，杆塔埋设深度是否达到要求，拉线是否紧固，基础是否坚实，同时要对登高工具检查，看其是否在试验期限内，登杆前要对脚扣和安全带做冲击试验。

（3）为防止高空坠落物体打击，作业现场人员必须戴好安全帽，严禁在作业点正下方逗留。

（4）为防止作业人员高空坠落，杆塔上工作的作业人员必须正确使用安全带、保险绳两道保护。离开地面 2m 及以上即为高空作业，攀登杆塔时应检查脚钉或爬梯是否牢固可靠；在杆塔上作业时安全带应系在牢固的构件上，高空作业中不得失去双重保护，转向移位时不得失去一重保护。

（5）高空作业时不得失去监护。

（6）杆上人员要用传递绳索将工具材料传递，严禁抛扔。

（7）传递绳索与横担之间的绳结应系好以防脱落，金具可以放在工具袋内传递。

2. 拉线制作和安装

（1）弯曲钢绞线时应抓牢，防止钢绞线反弹伤人。

（2）使用木槌时要防止从手中脱落伤人。

（三）拉线的制作及安装

1. 作业前准备

（1）工器具和材料准备。

1）拉线制作和安装所需工器具如表 3－1 所示。

表 3－1 拉线制作和安装所需工器具

序号	名称	规格	单位	数量	备注
1	个人用具		套	1	登高、安全防护、常规工具等
2	木槌		把	1	
3	断线钳		把	1	
4	紧线器	根据钢绞线规格选择	个	1	
5	钢丝绳套	与紧线器配合	个	1	
6	传递滑车	1t	个	1	
7	传递绳	与传递滑车配合	个	1	
8	绳套	与传递滑车配合	个	1	
9	防锈漆		筒	1	
10	拉线护套		只	1	

2）拉线制作和安装所需要材料如表 3－2 所示。

表 3－2 拉线制作和安装所需要材料

序号	名称	规格	单位	数量	备注
1	楔型线夹		个	1	
2	UT 型线夹		个	1	
3	U 形环（或延长环）		条	1	
4	钢绞线		m	若干	
5	铁丝		m	若干	
6	拉线绝缘子		个	1	
7	拉线抱箍和螺栓		套	1	
8	扎丝		m	若干	

（2）作业条件。拉线的制作和安装是室外作业项目，要求天气良好，无雨，风力不超过 6 级，作业程序是在地面制作拉线上把，安装拉线上把，制作和安装拉线下把。

2. 操作步骤及质量标准

（1）基本规定。拉线应采用镀锌钢绞线，拉线规格通常由设计计算确定。

镀锌钢绞线的最小截面应不小于 25mm²，强度安全系数应不小于 2。拉线应根据电杆的受力情况装设。正常情况下，拉线与电杆的夹角宜为 45°，如受地形限制，可适当减少，但不应小于 30°。拉线装设方向一般在 30°及以内的转角杆设合力拉线，拉线应设在线路外角的平分线上；30°以上的转角杆拉线应按线路导线方向分别设置，每条拉线应向外角的分角线方向移 0.5～1.0m；终端杆的拉线应设在线路中心线的延长线上；防风拉线应与线路方向垂直。拉线坑深度按受力大小及地质情况确定，一般为 1.2～2.2m 深，拉线棒露出地面长度为 500～700mm。拉线棒最小直径应不小于 16mm。拉线棒通常采取热镀锌防腐，严重腐蚀地区，拉线棒直径应适当加大 2～4mm，或采取其他有效的防腐措施。

（2）拉线制作和安装的工作流程。拉线制作和安装的工作流程如图 3－2 所示。

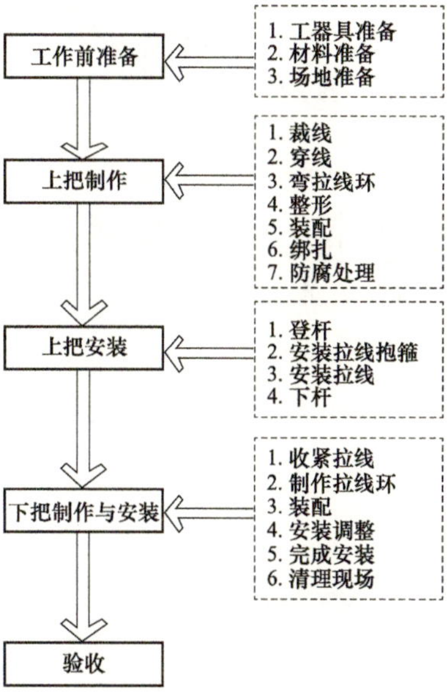

图 3－2　拉线制作和安装的工作流程图

（3）操作步骤和质量标准。

1）上把制作。拉线上把制作分解图如图 3－3 所示。

a. 裁线。由于镀锌钢绞线的钢性较大，为避免散股，在制作拉线下料前应用细扎丝在拉线计算长度处进行绑扎，如图 3－3（a）所示，然后用断线钳将其断开。

b. 穿线。取出楔型线夹的舌板，将钢绞线穿入楔型线夹，并根据舌板的大小在距离钢绞线端头 300mm 加上舌板长度处做弯线记号，应注意主线在线夹平面侧，尾线在凸肚侧，如图 3－3（b）所示。

c. 弯拉线环。用双手将钢绞线在记号处弯一小环，用脚踩住主线，一手拉住线头，另一手握住并控制弯曲部位，协调用力将钢绞线弯曲成环，如图 3－3（c）所示；为保证拉线环的平整，应将端线换边弯曲，如图 3－3（d）所示。

d. 整形。为防止钢绞线出现急弯，调整拉线环分别用膝盖抵住钢绞线主线、尾线进行整形，如图 3－3（e）所示，使其呈开口销状，以保证钢绞线与舌板间结合紧密，如图 3－3（f）所示。

e. 装配。拉线环制作完成后，将拉线的回头尾线端从楔型线夹凸肚侧穿出，放入舌板并适度地用木槌敲击，使其与拉线及线夹间的配合紧密，如图 3－3（g）

所示。

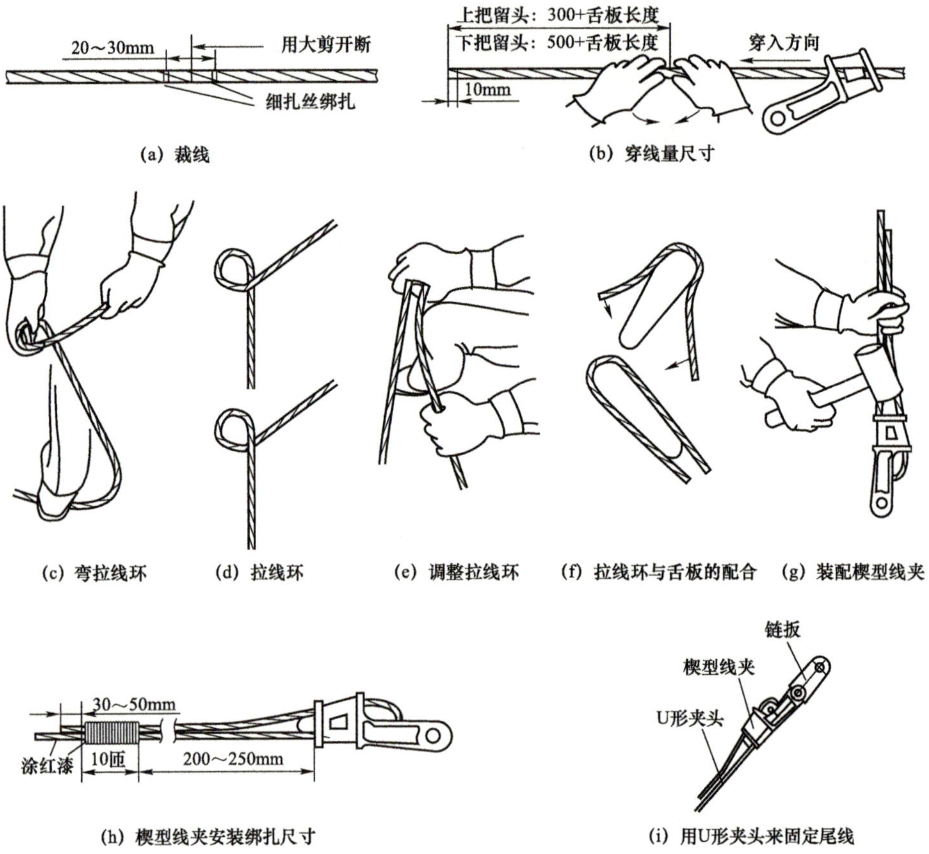

图 3－3 上把制作流程分解图

f. 绑扎。在尾线回头端距端头 30～50mm 之处，用 12 号或 10 号镀锌铁丝缠绕 100mm 对拉线进行绑扎，如图 3－3（h）所示，使拉线的回头尾线与主线间的连接牢固，也可以使用 U 形夹头来固定尾线，如图 3－3（i）所示。

g. 防腐处理。按拉线安装施工的规定要求，完成制作后应在扎线及钢绞线的端头涂上红漆，以提高拉线的防腐能力。

一般情况下，拉线可以不装拉线绝缘子，但当 10kV 线路的拉线从导线之间穿过或跨越导线时，按规定要装设拉紧绝缘子；0.4kV 线路拉线一律要装设隔离绝缘子，且要求在断拉线情况下隔离绝缘子距地面不应小于 2.5m。拉线绝缘子分为悬式绝缘子和圆柱形拉线绝缘子，这两种拉线绝缘子的安装方法不同，前者可以用楔型线夹连接，连接的方法和工艺标准与上把一致；后者的连接按规定将上、下拉线交叉套在拉线绝缘子上，用（12 号或 10 号）镀锌铁丝绑扎（长度不少于 100mm）或 U 形夹头将尾线锁紧（也可以用两根预绞丝交叉穿过拉线绝缘子后与钢绞线连接），这样即使拉线绝缘子损坏，其上、下拉线也不会断开脱落，拉线绝缘子的安装如图 3－4 所示。

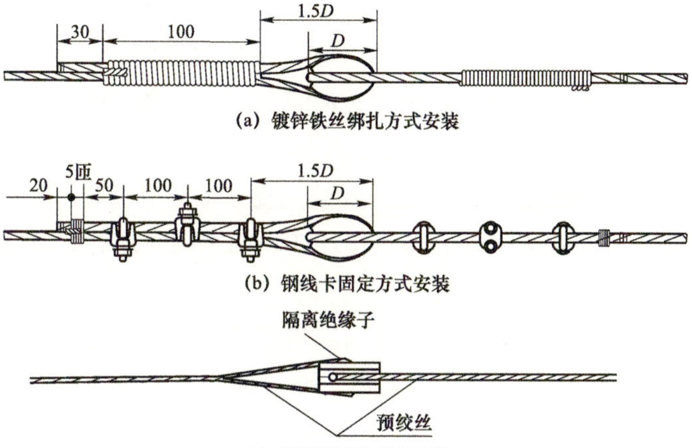

(a) 镀锌铁丝绑扎方式安装

(b) 钢线卡固定方式安装

(c) 预绞丝固定方式安装

图 3－4 拉线绝缘子的安装

2）上把安装。拉线上把制作完成后，便可进行拉线的杆上安装。拉线上把安装示意图如图 3－5 所示，具体安装步骤如下：

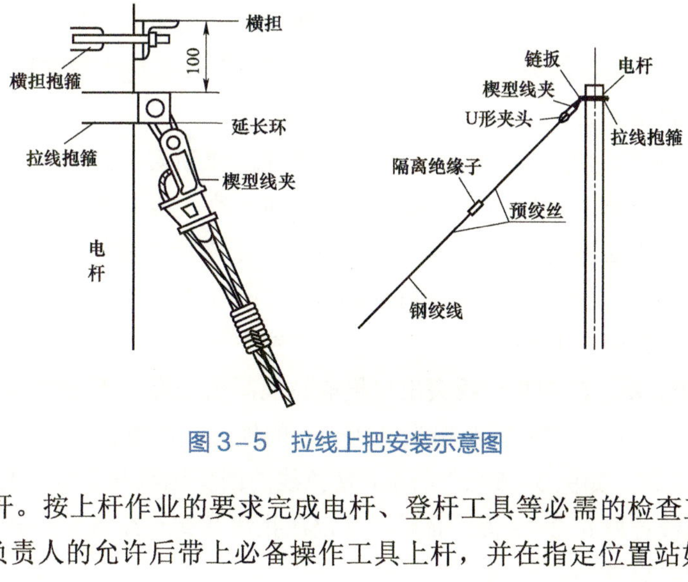

图 3－5 拉线上把安装示意图

a. 登杆。按上杆作业的要求完成电杆、登杆工具等必需的检查工作。取得现场施工负责人的允许后带上必备操作工具上杆，并在指定位置站好位、系好安全带。绑好传递滑车和传递绳。

b. 安装拉线抱箍。将拉线抱箍连接延长环传递到杆上并固定安装在距电杆合适位置（一般为横担下方 100mm 处），并根据拉线装设的要求，调整好拉线抱箍方向。

c. 安装拉线。连接楔型线夹与延长环，穿入螺栓，插入销钉，这个过程需要保证楔型线夹凸肚的方向（朝向地面或保证拉线上所有线夹的凸肚侧朝一个方向），螺栓穿向应符合施工验收规范要求（面向电源侧由左向右穿）。

d. 下杆。拉线安装完成后，作业人员清理杆上工具下杆，结束拉线上把的安装作业。

3）下把制作与安装。拉线下把的安装主要是 UT 型线夹的制作与安装，如图 3－6 所示，UT 型线夹的安装与制作均在地面上同时进行。具体安装作业流程如下：

a. 收紧拉线。用卡线器在适当的高度将钢绞线卡住，另一端与套在拉线棒环下方的钢丝绳套相连接，调整紧线器，将拉线收紧到设计要求的角度（设计对部分转角杆有预偏角度的要求）。如果拉线环境条件需要安装警示杆的情况下，应在卡线前在拉线上穿入警示杆，如图 3－6（a）所示。

b. 制作拉线环。拆下 UT 型线夹的 U 形螺栓，取出舌板，将 U 形螺栓从拉棒环穿入，抬起 U 形螺栓，再用手拉紧拉线尾线，对比 U 形螺栓从螺栓端头向下量取 200mm 的距离（通常为丝杆的长度），如图 3－6（b）所示，然后按上把制作 c 和 d 步骤制作好拉线环。

c. 装配。将拉线从 UT 型线夹穿出（线回头尾线端从 UT 型线夹凸肚侧穿出）并应保证主线在线夹平面侧，装上舌板，如图 3－3（g）用木锤敲击使拉线环与舌板能紧密配合。

d. 安装调整。将 U 形螺栓丝杆涂上润滑剂，重新套进拉棒环后穿入 UT 型线夹，使 UT 型线夹凸肚方向与楔型线夹方向一致，装上垫片、螺母，并调节螺母使拉线受力后撤出紧线器。拉线调好后，U 形螺栓上应将两个螺母拧紧（最好采用防盗螺母），螺母拧紧后螺杆应露扣，并保证有不小于 1/2 丝杆的长度以供调节，其舌板应在 U 形螺栓的中心轴线位置。

e. 完成安装。在 UT 型线夹出口量取拉线露出长度（不超过 500mm），将多余部分剪去；而后在尾线距端头 150mm 的地方，用镀锌铁丝由下向上缠绕 50～80mm 长度，如图 3－6（c）所示，使拉线的回头尾线与主线间的连接牢固，并将扎线尾线拧麻花 2～3 圈；而后按规定在扎线及钢绞线端头涂上红油漆，以提高拉线的防腐能力。

f. 清理现场。作业结束后，工作负责人依据施工验收规范对施工工艺、质量进行自查验收，合格后，清理施工现场，整理工具、材料，办理工作终结手续。

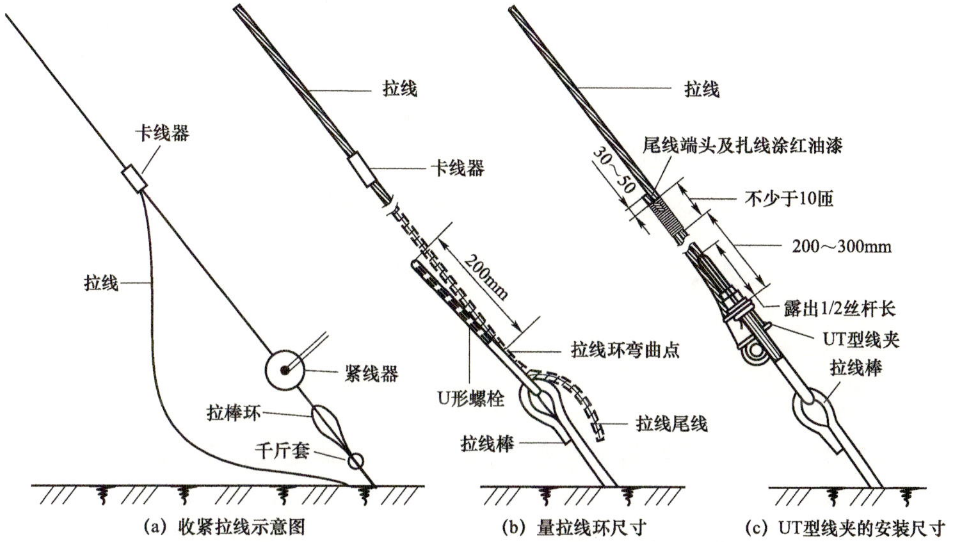

图 3-6　UT 型线夹的制作安装图

（四）验收质量要求

采用 UT 型线夹及楔型线夹固定安装拉线的基本要求如下：

（1）安装前丝扣上应涂润滑剂。

（2）线夹舌板与拉线接触应紧密，受力后无滑动现象，线夹凸肚应在尾线侧，安装时不应损伤线股。

（3）拉线弯曲部分不应明显松脱，拉线断头处与拉线应有可靠固定。拉线处露出的尾线长度以 400mm 为宜（上把 300～400mm，下把 300～500mm）；尾线回头后与本线应扎牢，并在扎线及尾线端头上涂红油漆进行防腐处理。

（4）上、下楔型线夹及 UT 型线夹的凸肚和尾线方向应一致，同一组拉线使用双线夹并采用连板时，其尾线端的方向应统一。

（5）UT 型线夹或花兰螺栓的螺杆应露扣，并应有不小于 1/2 螺杆丝扣长度可供调紧，调整后，UT 型线夹的双螺母应并紧，U 形螺栓应封固。

（6）水平拉线的拉桩杆的埋设深度不应小于杆长的 1/6，拉线距路面中心的垂直距离不应小于 6m，拉桩坠线与拉桩杆夹角不应小于 30°，拉桩杆应向张力反方向倾斜 10°～20°，坠线上端距杆顶应为 250mm；水平拉线对通车路面边缘的垂直距离不应小于5m。

（7）当拉线位于交通要道或人易接触的地方，须加装警示套管保护。套管上端垂直距地面不应小于1.8m，并应涂有明显红、白相间油漆的标志。

（五）注意事项

（1）安装拉线时，其金具、钢绞线的选择应与线路导线型号相匹配。

（2）拉线尾线穿入方向不得出现错误。

（3）钢绞线在弯制过程中，不得出现散股。

（4）U形夹头的U形面不得固定在主线上，应压在尾线上。

二、配电线路终端杆耐张绝缘子串更换

（一）绝缘子

1. 绝缘子的类型

架空电力线路的导线是利用绝缘子和金具连接固定在杆塔上的。用于导线与杆塔绝缘的绝缘子，在运行中不但要承受工作电压的作用，还要受到过电压的作用，同时还要承受机械力的作用及气温变化和周围环境的影响，所以绝缘子必须有良好的绝缘性能和一定的机械强度。通常，绝缘子的表面被做成波纹形的。这是因为：① 可以增加绝缘子的泄漏距离（又称爬电距离），同时每个波纹又能起到阻断电弧的作用；② 当下雨时，从绝缘子上流下的污水不会直接从绝缘子上部流到下部，避免形成污水柱造成短路事故，起到阻断污水水流的作用；③ 当空气中的污秽物质落到绝缘子上时，由于绝缘子波纹的凹凸不平，污秽物质不能均匀地附在绝缘子上，在一定程度上提高了绝缘子的抗污能力。

绝缘子按照材质分为瓷绝缘子、玻璃绝缘子和合成绝缘子三种。

（1）瓷绝缘子具有良好的绝缘性能、适应气候的变化性能、耐热性和组装灵活等优点，被广泛用于各种电压等级的线路。金属附件连接方式分球型和槽型两种。在球型连接构件中用弹簧销子锁紧；在槽型结构中用销钉加用开口销锁紧。瓷绝缘子是属于可击穿型的绝缘子。

（2）玻璃绝缘子用钢化玻璃制成，具有产品尺寸小、质量轻、机电强度高、电容大、热稳定性好、老化较慢寿命长“零值自破”维护方便等特点。

（3）合成绝缘子又名复合绝缘子，它是由棒芯、伞盘及金属端头铁帽三个部分组成：

①棒芯一般由环氧玻璃纤维棒玻璃钢棒制成，抗张强度很高，棒芯是合成

绝缘子机械负荷的承载部件，同时又是内绝缘的主要部件；②伞盘以高分子聚合物如聚四氯乙烯、硅橡胶等为基体添加其他成分，经特殊工艺制成，伞盘表面为外绝缘给绝缘子提供所需要的爬电距离；③金属端头用于导线杆塔与合成绝缘子的连接根据负载能力的大小，采用可锻铸铁、球墨铸铁或钢等材料制造而成。为使棒芯与伞盘间结合紧密，在它们之间加一层粘接剂和橡胶护套。合成绝缘子具有抗污闪性强、强度大、质量轻、抗老化性好、体积小等优点。但承受的径向（垂直于中心线）应力很小，因此，使用于耐张杆的绝缘子严禁踩踏，或任何形式的径向荷重，否则将导致折断。运行数年后还会出现伞裙变硬、变脆的现象，也容易发生鸟类咬噬而导致损坏。

2. 绝缘子检验

（1）出厂检验。出厂绝缘子应逐个进行外观质量、尺寸偏差检查。此外，进行逐个试验还应包含高压绝缘子工频火花电压试验（外胶装式除外）、悬式绝缘子拉伸负荷试验、瓷横担绝缘子单向弯曲负荷试验、柱式绝缘子四向弯曲耐受负荷试验。试验负荷为额定（机电）破坏负荷的50%。

（2）现场检验。绝缘子经过长途运输后其质量必定会受到影响，应在发运施工现场前，每批抽5%的数量进行工频耐压试验，试验值大约为制造厂规定的闪络电压值或耐受电压的90%，持续1min不损坏。有条件的单位宜逐只进行工频耐压试验。

（3）绝缘子的技术质量要求。

1）绝缘子的质量应符合现行国家标准《标称电压高于1000V的架空线路绝缘子　第1部分：交流系统用瓷或玻璃绝缘子元件定义、试验方法和判定准则》（GB/T 1001.1—2021）的规定。

2）瓷件颜色必须符合设计要求，瓷件釉面应光滑，无裂纹、缺釉、斑点、烧痕、气泡或瓷釉烧坏等缺陷。

3）瓷件不应有生烧、过火和瓷件氧起泡。

4）绝缘子及瓷横担绝缘子应进行外观检查，且应符合下列规定：①悬式绝缘子的钢帽、球头与瓷件三者的轴心应在同一轴心上，不应有明显的歪斜，三者的胶装结合应牢固，不应有松动，浇结的水泥表面应无裂纹；②钢帽不得有裂纹、球头不得有裂纹和弯曲，镀锌应良好，无锌皮剥落、锈蚀现象；③悬式绝缘子的弹簧销子规格必须符合设计要求，销子表面应无生锈、裂纹等缺陷，并具有一定的弹性；④在起晕电压要求较高的绝缘子及其包装上，均应有制造厂家的特殊标志；⑤钢化玻璃件上不应有影响性能的折痕、气泡、杂质等缺陷。

（二）危险点分析与控制措施

1. 登杆和杆上作业

（1）为防止误登杆塔，登杆塔前，作业人员应核对停电线路的双重编号后，方可工作。

（2）登杆塔前要对杆塔检查，包括杆塔是否有裂纹，杆塔埋设深度是否达到要求，拉线是否紧固，基础是否坚实，同时要对登高工具检查，看其是否在试验期限内，登杆前要对脚扣和安全带做冲击试验。

（3）为防止高空坠落物体打击，作业现场人员必须戴好安全帽，严禁在作业点正下方逗留。

（4）为防止作业人员高空坠落，杆塔上工作的作业人员必须正确使用安全带、保险绳两道保护。离开地面 2m 及以上即为高空作业，攀登杆塔时应检查脚钉或爬梯是否牢固可靠；在杆塔上作业时安全带应系在牢固的构件上，高空作业中不得失去双重保护，转向移位时不得失去一重保护。

（5）高空作业时不得失去监护。

（6）杆上人员要用传递绳索将工具材料传递，严禁抛扔。

（7）传递绳索与横担之间的绳结应系好以防脱落，金具可以放在工具袋内传递。

2. 绝缘子的安装

（1）绝缘子安装前要进行外观检查。

（2）检测绝缘前，要对绝缘电阻表进行开路和短路自检，检测绝缘时，转速符合规定，注意人身和表计安全。

（三）作业前准备

1. 工器具和材料准备

（1）终端杆耐张绝缘子串更换所需工器具如表 3－3 所示。

表 3－3　　终端杆耐张绝缘子串更换所需工器具

序号	名称	规格	单位	数量	备注
1	个人用具		套	1	登高、安全防护、常规工具等
2	工具袋		只	1	
3	传递滑车	1t	个	1	
4	绳套	与传递滑车配合	个	1	
5	绝缘电阻表	2500V	只	1	
6	抹布		块	1	

（2）终端杆耐张绝缘子串更换所需材料如表 3-4 所示。

表 3-4　　终端杆耐张绝缘子串更换所需材料

序号	名称	规格	单位	数量	备注
1	耐张棒形绝缘子		只	若干	根据装置要求决定
2	悬式绝缘子		只	若干	用于较大跨越地形
3	紧固金具		只	若干	用于紧固导线的耐张线夹
4	U 形环	4t	只	若干	用于绝缘子和横担连接
5	铝包带	1×10	kg	若干	
6	扎线		圈	若干	

2. 作业条件

耐张杆绝缘子安装是室外作业项目，要求天气良好，无雨、风力不超过 6 级。

（四）终端杆耐张绝缘子串更换操作步骤

1. 基本规定

安装耐张杆绝缘子串是在电杆、横担等已经完成的基础上再进行的一项工作，是为导线的架设和紧固做准备。因此在安装时应该掌握耐张绝缘子串的组装要求，了解该绝缘子的性能特点；正确使用与之相匹配的金具材料。

2. 安装耐张杆绝缘子串的工作流程

安装耐张杆绝缘子串的工作流程如图 3-7 所示。

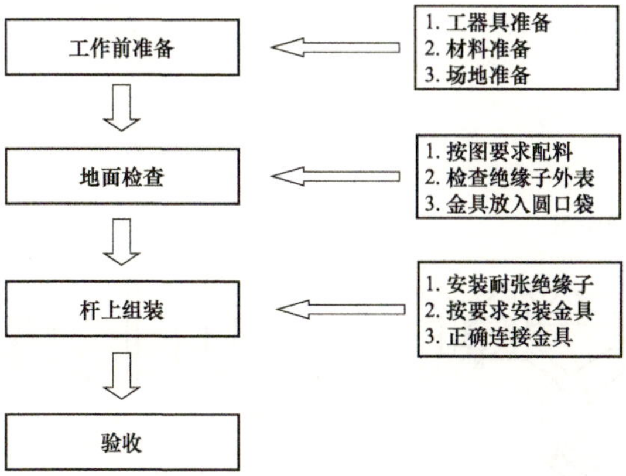

图 3-7　安装耐张杆绝缘子串的工作流程图

3. 操作步骤和质量标准

（1）地面检查。根据施工图纸和耐张绝缘子串的组装要求准备相应材料，并考虑耐张绝缘子、连接金具、紧固金具与导线最大使用张力之间的相互匹配性，检查所有材料应符合质量要求、数量要求。

1）在低压线路上一般使用蝶式绝缘子，当导线为 35mm^2 及以下时，选用 ED－3 蝶式绝缘子；而当导线为 50mm^2 及以上时，则选用 ED－2 蝶式绝缘子；绝缘子是通过两块带有弧形的金属链板与横担连接，弧形金属链板两端分别用螺栓与蝶式绝缘子和铁横担固定。

2） 在中、高压配电线路上一般使用瓷质悬式（球形）绝缘子，根据导线规格型号选用合适的紧固金具（即耐张线夹）；再配碗头挂板、球头挂环和直角挂板等，耐张绝缘子（球形）安装方式见图 3－8。

还有两种绝缘子可供选择：① 受张力 30～45kN 的瓷拉棒，两端分别配耐张线夹（与导线固定）和 U 形环（与横担固定），见图 3－9；② 硅橡胶合成悬式绝缘子，可以承受张力 70～100kN 的张力；其金具匹配与瓷质悬式（球形）绝缘子相同，见图 3－10。

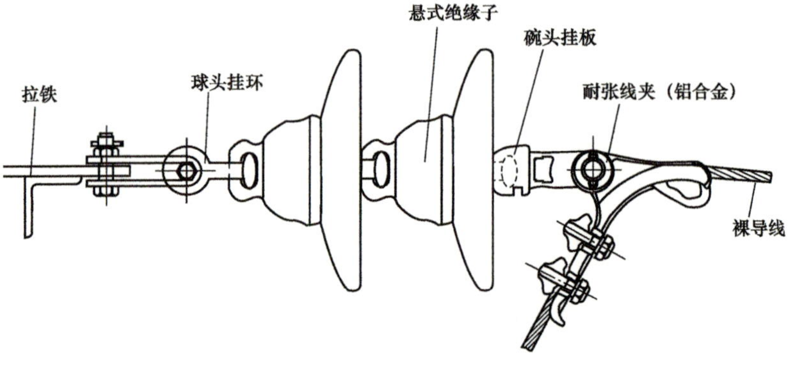

图 3－8 耐张绝缘子（球形）安装方式

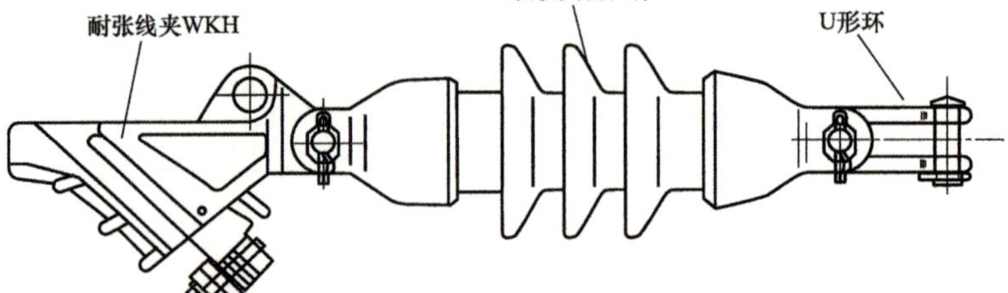

图 3－9 耐张绝缘子（棒形）安装方式

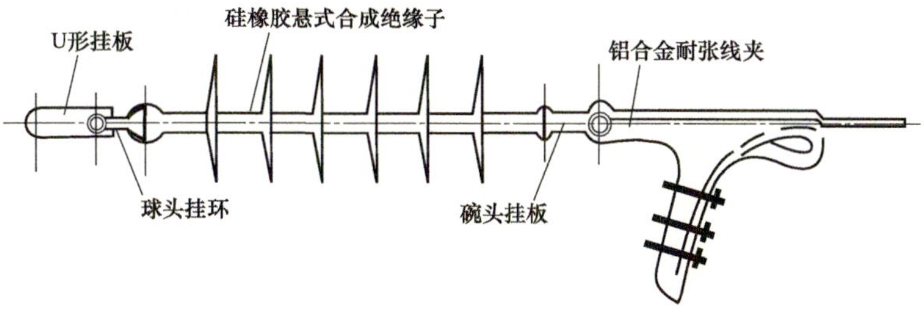

图 3－10　硅橡胶合成绝缘子（悬式）安装方式

（2）杆上组装。

1）登高工具及个人工具。要将登高使用的工具如脚扣或踩板、安全帽、安全带、保险钩、吊绳（材料传递绳子）和个人工具如扳手、电工钳、螺丝刀等应用之物都带齐，并检查符合安全作业的要求；登高工具及个人工具是安装耐张杆绝缘子的必备工具，当电杆在潮湿状态需要施工时，还需带上登杆的防滑工具或材料。

2）备选的其他工具。当由直线杆改为耐张杆时，线路应该处于检修状态，需安装耐张杆绝缘子，且准备相关工具；如验电器、绝缘杆、短路线、接地线、绝缘手套、标志牌、红白带、紧线器、临时板线、锚桩、滑轮等工具。

3）安装人员站立在电杆的合适位子，用吊绳将需要安装的金具材料和绝缘子分别进行安装，绳结应打在铁件杆上。当提升较重的绝缘子串时，可以在横担端部安放一个滑轮，用于提升重物。

4）合成绝缘子安装时要小心轻放，绳结应打在端部铁件上，提升时不得将合成绝缘子撞击电杆和横担等其他部位。严禁导线、金属物品等在合成绝缘子上摩擦滑行，严禁在合成绝缘子上爬行脚踩，严禁在合成绝缘子受力的状态下旋转。

5）瓷质悬式绝缘子（球形）在安装过程中，首先安装与横担连接的 U 形挂板，其次安装球头链板，将瓷质悬式绝缘子和球头链板连接起来，用 W 形销子固定，将耐张线夹和瓷质悬式绝缘子用碗头挂板连接起来，分别用销钉和 W 形销子固定；在安装 W 形销子时，应由下向上推入绝缘子铁件的碗口，这是因为一旦 W 形销子年久损坏脱落后，地面人员可以比较容易去发现其缺馅。当一耐张绝缘子串安装完毕后，其他同类绝缘子的安装方法类同。

6）在安装耐张棒形绝缘子时无需用绝缘电阻表进行测量，但在连接耐张线夹和 U 形环时，在销钉端部应加上 R 形销子，见图 3－11。

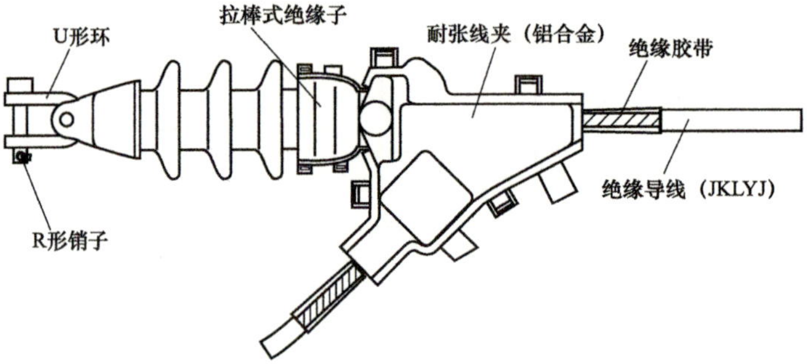

图 3－11　R 形销子安装方式

7）在耐张绝缘子安装完毕后，应用干净的抹布将安装过程中沾上瓷质绝缘子表面的脏污抹去，但对于合成绝缘子不可以用布抹，所以安装要小心，一般安装时不拆除外层包装，待导线紧固完毕后再拆除外层包装，见图 3－12。

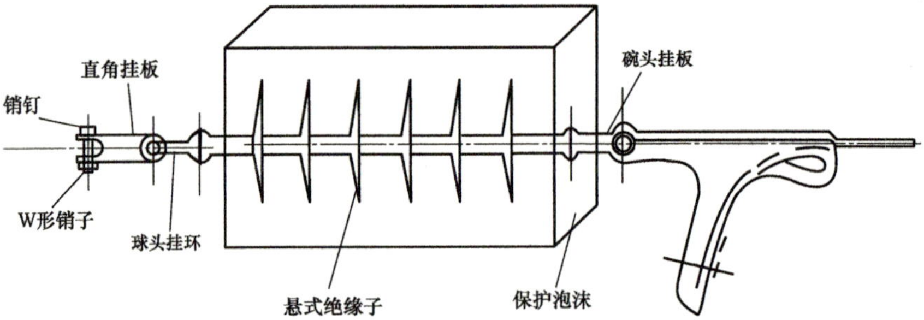

图 3－12　带有外层包装的合成绝缘子（悬式）安装方式

（五）验收质量要求

（1）各类用于耐张绝缘子出厂必须检收合格，产品应有合格的包装和标志。合成绝缘子的运输和搬运必须要在包装完好的条件下进行，搬运时要小心轻放。

（2）耐张绝缘子安装完毕后，必须符合组装要求，绝缘子无受损、无裂纹、无卡阻现象，螺栓、销钉穿入方向正确，开口销在正常位子，钢件无裂纹，防腐层良好，胶装部分无松动现象，当绝缘子有正反朝向时，其绝缘子的盆径口应对准导线方向。

（3）瓷质悬式盆形绝缘子安装前，应用 2500V 绝缘电阻表进行测量，绝缘电阻应大于 500MΩ，但棒形绝缘子可以免去此举。

（六）注意事项

（1）绝缘子有正反朝向时，其绝缘子的盆径口应对准导线方向。

（2）合成绝缘子在受力的状态下严禁旋转。

（3）在安装 W 形销子时，应由下向上推入绝缘子铁件的碗口。

三、绝缘线损伤处理

（一）危险点分析与控制措施

（1）为防止误登杆塔，作业人员在登塔前应核对停电线路的双重称号与工作票一致后方可工作。

（2）登杆塔前要对杆塔进行检查，内容包括杆塔是否有裂纹，有无倾斜，杆塔埋设深度是否达到要求；同时要对登高工具进行检查，看其是否在试验期限内；登杆前要对脚扣和安全带、后备保护绳做冲击试验。

（3）为防止高空坠落物体打击，作业现场人员必须戴好安全帽，施工现场应设防护围栏，防止无关人员进入施工现场，严禁在作业点正下方逗留。

（4）为防止作业人员高空坠落，杆塔上工作的作业人员必须正确使用安全带、后备保护绳两道保护。在杆塔上作业时，安全带应系在牢固的构件上，高空作业工作中不得失去双重保护，上下杆过程及转向移位时不得失去一重保护。

（5）高空作业时不得失去监护。

（6）杆上作业时上下传递工器具、材料等必须使用传递绳，严禁抛扔。传递绳索与横担之间的绳结应系好以防脱落，金具可以放在工具袋传递，防止高空坠物。

（二）作业前准备

1. 现场勘察

工作负责人接到任务后，应组织有关人员到现场勘察，应查看接受的任务是否与现场相符，作业现场的条件、环境，所需各种工器具、材料及危险点等。

2. 工器具和材料准备

（1）绝缘线损伤处理所需工器具见表 3－5。

表 3－5 绝缘线损伤处理所需工器具

√	序号	名称	规格	单位	数量	备注
	1	验电器	10kV	只	1	10、0.4kV 合一的验电器所带工器具的要求是够用和少带
	2	验电器	0.4kV	只	1	
	3	接地线	10kV	组	2	
	4	接地线	0.4kV	组	2	

续表

√	序号	名称	规格	单位	数量	备注
	5	个人保安线	不小于 $16mm^2$	组	若干	10、0.4kV 合一的验电器所带工器具的要求是够用和少带
	6	警告牌、安全围栏				
	7	传递绳	15m	条	1	
	8	安全带	4	条	1	
	9	脚扣	4	副	1	
	10	钢锯弓子	1	把	1	
	11	紧线器及导线夹头（卡线器）	导线	套	4	
	12	挂钩滑轮	0.5t	个	2	
	13	起线绳	15m	条	4	
	14	钢丝绳套		条	5	
	15	大锤		把	1	
	16	紧线器及拉线卡头（卡线器）	地线	套	2	
	17	断线钳	1 号	把	1	
	18	钢卷尺	3m	个	1	
	19	地锚		组	2	
	20	手锤		把	1	
	21	铁锹		把	4	
	22	绝缘剥切工具		把	1	
	23	导电膏		盒	1	
	24	红蓝铅笔		支	2	
	25	钢丝刷		把	2	
	26	线手套		双	8	
	27	涂料刷		把	2	
	28	机械压接钳及压模		套	1	
	29	锉刀		把	1	
	30	绑扎线		盘		
	31	橡胶锤		把	2	
	32	游标卡尺		把	1	
	33	防潮布		块	1	
	34	木板		块	2	
	35	液压钳及压模		套	1	

（2）绝缘线损伤处理所需材料见表3－6。

表3－6 绝缘线损伤处理所需材料

√	序号	名称	规格	单位	数量	备注
	1	预绞丝		套	按计划	
	2	绑线		盘	若干	
	3	铝带		盘	若干	
	4	松动剂		瓶	1	
	5	钢锯条		条	10	
	6	棉纱布		m	1.5	
	7	接续管		套	按计划	
	8	汽油		L	2	
	9	绝缘子	按计划		按计划	
	10	绝缘自黏带		盘	5	
	11	绝缘套管		个	2	
	12	绝缘线	按计划	m	按计划	

3. 工作前的检查

（1）检查连接管是否与绝缘导线规格一致，钳压管、液压管表面及管内是否光滑，有无凸、凹现象，有无氧化及腐蚀，有无裂纹毛刺，是否平直，其弯曲度不得超过1%。

（2）检查使用的绝缘导线与原绝缘导线是否属同一规格。

（3）连接管上有无划出钳压印记。

（4）检查钢压模是否与绝缘导线规格匹配。

（5）检查绝缘护套管（内层绝缘护套及外层绝缘护套）在合格期内，表面光滑，无划痕、硬伤、裂纹。

4. 作业条件

在停电线路上进行绝缘线的损伤处理工作，是室外电杆上的作业项目，要求天气良好，无雷雨，风力不超过6级。

（三）操作步骤及质量标准

1. 绝缘线损伤处理工作流程

绝缘线损伤处理的工作流程如图3－13所示。

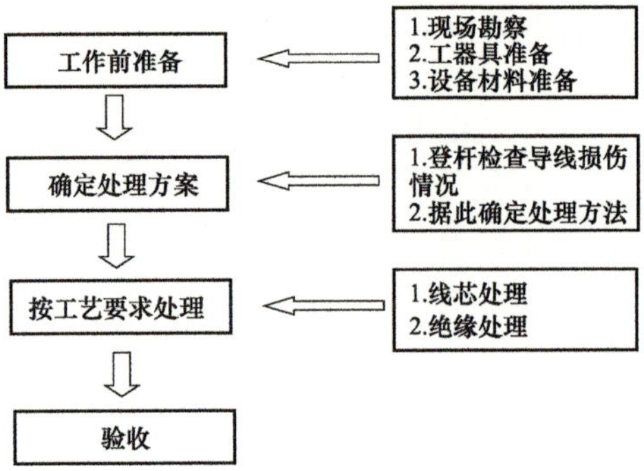

图 3－13　绝缘线的损伤处理的工作流程

2. 操作步骤和质量标准

（1）确定处理方案。

1）工作负责人指派经验丰富的工作人员，登杆检查绝缘线的损伤情况。

2） 根据检查结果，确定损伤绝缘线的处理方案。

3） 线芯截面损伤不超过导电部分截面的 17%时，可敷线修补。

4） 线芯截面损伤不超过导电部分截面的 5%时，可不作处理。

5） 在同一截面内，损伤面积超过线芯导电部分截面积的 17%或钢芯断一股时，应锯断重接。

（2）绝缘线损伤的处理。

1）线芯截面损伤不超过导电部分截面的 17%时，可敷线修补。敷线长度应超过损伤部分，每端缠绕长度超过损伤部分不小于 100mm。线芯截面损伤在导电部分截面的 6%以内，损伤深度在单股线直径的 1/3 之内，可用同金属的单股线在损伤部分缠绕，缠绕长度应超出损伤部分两端各 30mm。

2） 线芯损伤面积超过导电部分截面的 17%时，应锯断重接。步骤如下：

a. 将损伤的绝缘线落地。

b. 在损伤处锯断绝缘线，线芯端头用绑线扎紧，剥去接头处的绝缘层、半导体层，剥离长度比钳压接续管长 60～80mm。

c. 清除两根绝缘导线压接部分的污垢。用钢丝刷来回刷导线，并用钢丝刷背部敲击导线，将其污垢振掉。清除长度为连接部分的 2 倍。

d. 清除铝接续管内壁的污垢。可以用较小的涂料刷或者把棉布穿过管子，拿住棉布两头来回擦拭。

e. 用浸过汽油的棉布擦拭清洁导线、接续管、垫片等。

f. 将内层绝缘护套和外层绝缘护套套入导线接头一侧。

g. 待擦拭导线、铝接续管、铝芯垫片的汽油挥发后，用干净的棉布再擦拭，并涂导电膏。

h. 将两导线头穿过铝接续管，并出管 30～50mm，然后穿入垫片。穿垫片时应贴着导线并顺直，一只手扶好垫片，另一只手用钳子头部轻轻敲击垫片端头，慢慢将垫片打入管中。切忌用力过猛，避免将垫片打弯。

i. 压接。一人操作压接钳，一人扶好压接钳头部与铝接续管。对钢芯铝绞线，应从中间开始向一端上下交错压接。压接时，应对准压模中心，一侧压接完毕后，返回中间开始向另一端上下交错压接（当采用液压钳时，每压好一个模时不要马上松开钢模，应停留 30s 以上再松开），且两端最后一模均应压在导线的副头上。对铜或铝绞线，应从一端开始上下交错压接至另一端，且两端最后一模均应压在导线的副头上。导线钳压接顺序示意图如图 3－14 所示。

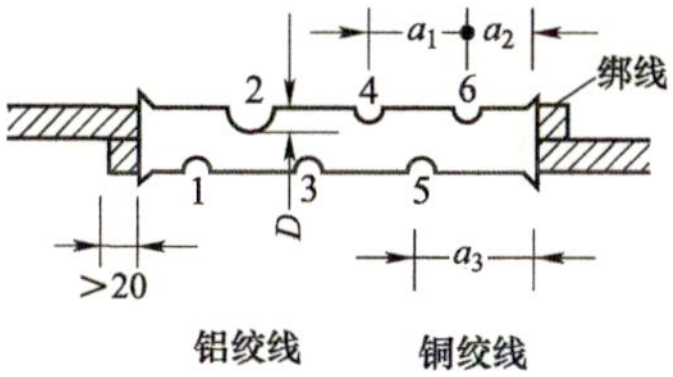

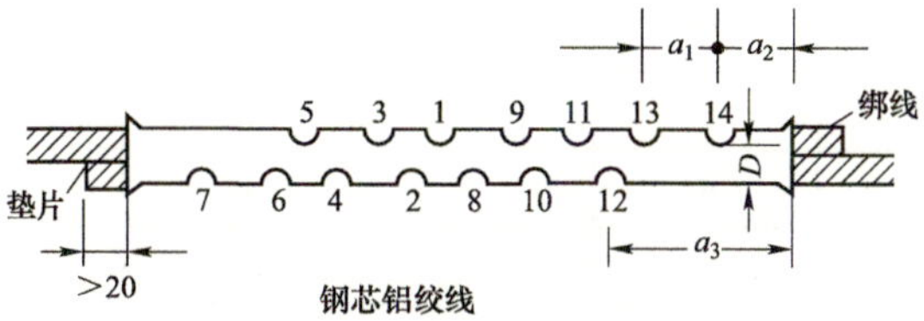

图 3－14 导线钳压接顺序示意图

j. 导线钳压口尺寸和压口数见表 3－7。

表 3－7 导线钳压口尺寸和压口数

导线型号		钳压部位尺寸			压口尺寸 D（mm）	压口数
		a_1（mm）	a_2（mm）	a_3（mm）		
钢芯铝绞线	LGJ 16	28	14	28	12.5	12
	LGJ 25	32	15	31	14.5	14
	LGJ 35	34	42.5	93.5	17.5	14
	LGJ 50	38	48.5	105.5	20.5	16
	LGJ 70	46	54.5	123.5	25.5	16
	LGJ 95	54	61.5	142.5	29.5	20
	LGJ 120	62	67.5	160.5	33.5	24

续表

导线型号		钳压部位尺寸			压口尺寸 D（mm）	压口数
		a_1（mm）	a_2（mm）	a_3（mm）		
钢芯铝绞线	LGJ 150	64	70	166	36.5	24
	LGJ 185	66	74.5	173.5	39.5	26
铝绞线	LJ 16	28	20	34	10.5	6
	LJ 25	32	20	35	12.5	6
	LJ 35	36	25	43	14.0	6
	LJ 50	40	25	45	16.5	8
	LJ 70	44	28	50	19.5	8
	LJ 95	48	32	56	23.0	10
	LJ 120	52	33	59	26.0	10
	LJ 150	56	34	62	30.0	10
	LJ 185	60	35	65	33.5	10
铜绞线	TJ 16	28	14	28	10.5	6
	TJ 25	32	16	32	12.0	6
	TJ 35	36	18	36	14.5	6
	TJ 50	40	20	40	17.5	8
	TJ 70	44	22	44	20.5	8
	TJ 95	48	24	48	24.0	10
	TJ 120	52	26	52	27.5	10
	TJ 150	56	28	56	31.5	10

注 压接后尺寸的允许误差：铜钳压管为±0.5mm，铝钳压管为±1.0mm。

k. 按规定的压口数和压接顺序压接后，按钳压标准校直钳压接续管。

l. 对于 240mm^2 及以上的导线，通常采用液压连接。导线的液压连接与导线的钳压连接方法近似。

m. 绝缘处理。采用热缩护套时，将内层热缩护套推入指定位置，保持火焰慢慢接近，从热缩护套中间或一端开始，使火焰螺旋移动，保证热缩护套沿圆周方向充分均匀收缩。收缩完毕的热缩护套应光滑无皱折，并能清晰地看到其内部结构轮廓。在指定位置浇好热熔胶，推入外层热缩护套后继续用火焰使之均匀收缩。在热缩部位冷却至环境温度之前，不准施加任何机械应力。采用预扩张冷缩绝缘护套时：将内外两层冷缩管先后推入指定位置，逆时针旋转退出分瓣开合式芯棒，冷缩绝缘套管松端开始收缩。采用冷缩绝缘套管时，其端口应用绝缘材料密封。承力接头钳压连接绝缘处理如图 3－15 所示。

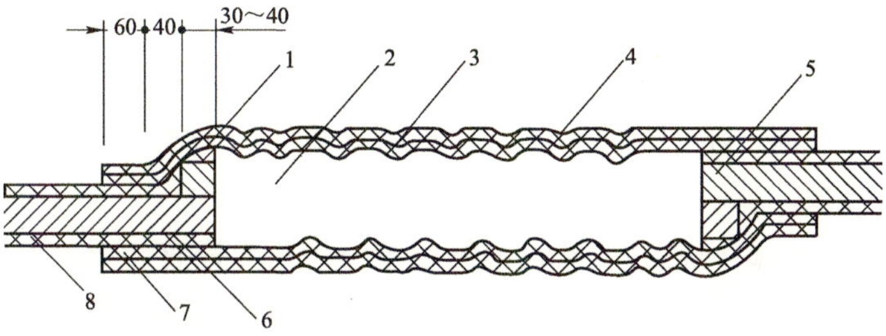

图 3－15 承力接头钳压连接绝缘处理

1—绝缘黏带；2—钳压管；3—内层绝缘护套；4—外层绝缘护套；5—导线；6—绝缘层倒角；7—热熔胶；8—绝缘层

n. 恢复导线。

3. 绝缘层的损伤处理

绝缘层损伤深度在绝缘层厚度的 10%及以上时，应进行绝缘修补。可用绝缘自黏带缠绕，每圈绝缘黏带间搭压带宽的 1/2，补修后绝缘自黏带的厚度应大于绝缘层损伤深度，且不少于两层。也可用绝缘护罩将绝缘层损伤部位罩好，并将开口部位用绝缘自黏带缠绕封住。

4. 验收质量标准

（1）线夹、接续管的型号应与导线规格相匹配。

（2）压缩连接接头的电阻不应大于等长导线电阻的 1.2 倍，机械连接接头的电阻不应大于等长导线电阻的 2.5 倍；档距内压缩接头的机械强度不应小于导体计算拉断力的 90%。

（3）导线接头应紧密、牢靠、造型美观，不应有重叠、弯曲、裂纹及凹、凸现象。

（4）钳压后，导线的露出长度不小于 20mm，导线端部绑扎线应保留。

（5）压接后的接续管两端导线不应有抽筋、灯笼等现象。

（6）压接后接续管两端出口处、合缝处及外露部分应涂刷电力复合脂。

（7）绝缘处理满足要求。

（8）线夹上安装的绝缘罩不得磨损、划伤，安装位置不得颠倒，有引出线的要一律向下，需紧固的部位应牢固严密，两端口需绑扎的必须用绝缘自黏带绑扎两层以上。

5. 清理现场

作业结束后，工作负责人依据施工验收规范对施工工艺、质量进行自查验收，合格后，清理施工现场，整理工具、材料，办理工作终结手续。

（四）注意事项

（1）绝缘线的连接不允许缠绕，应采用专用的线夹、接续管连接。

（2）不同金属、不同规格、不同绞向的绝缘线，无承力线的集束线严禁在档内做承力连接。

（3）在一个档距内，分相架设的绝缘线每根只允许有一个承力接头，接头距导线固定点不应小于 0.5m。低压集束绝缘线非承力接头应相互错开，各接头端距不小于 0.2m。

（4）铜芯绝缘线与铝芯或铝合金芯绝缘线连接时，应采取铜铝过渡连接。

（5）剥离绝缘层、半导体层应使用专用切削工具，不得损伤导线，切口处绝缘层与线芯宜有 45° 倒角。

（6）中压绝缘线接头必须进行屏蔽处理。

四、直线杆正杆

（一）危险点分析与控制措施

（1）为防止误登杆塔，作业人员在登塔前应核对停电线路的双重称号，与工作票一致后方可工作。

（2）为防止作业人员高空坠落，杆塔上工作的作业人员必须正确使用安全带、后备保护绳两道保护。在杆塔上作业时，安全带应系在牢固的构件上，高空作业工作中不得失去双重保护，上下杆过程及转向移位时不得失去一重保护。

（3）为防止高空坠落物体打击，作业现场人员必须戴好安全帽，施工现场应设防护围栏，防止无关人员进入施工现场，严禁在作业点正下方逗留。

（4）线路正杆工作前，须对电杆基础开挖检查，检查杆根受损（裂纹）情况，如果受损（裂纹）大于规定要求的，该电杆不能正杆，应该更换电杆。

（5）线路正杆工作前，应检查导线扎线是否有松动。

（6）登杆塔前要对杆塔进行检查，内容包括杆塔是否有裂纹，有无倾斜，杆塔埋设深度是否达到要求；同时要对登高工具检查，看其是否在试验期限内；登杆前要对脚扣和安全带、后备保护绳做冲击试验。

（7）高空作业时不得失去监护。

（8）杆上作业时上下传递工器具、材料等必须使用传递绳，严禁抛扔。传递绳索与横担之间的绳结应系好以防脱落，金具可以放在工具袋传递，防止高空坠物。

（9）电杆倾斜度到小于 45° 时可用临时拉线法正杆，当电杆倾斜度到大于 45° 时，不能用临时拉线法正杆，只能重立电杆。因为当电杆倾斜度到大于 45° 时，如用临时拉线法正杆时，会发生电杆根移位的可能。

（二）作业前准备

1. 现场勘察

工作负责人接到任务后，应组织有关人员到现场勘察，应查看接受的任务是否与现场相符，作业现场的条件、环境，所需各种工器具、材料、车辆及危险点等。

2. 工器具和材料准备

（1）直线杆正杆所需工器具见表 3－8。

表 3－8　　直线杆正杆所需工器具

序号	名称	规格	单位	数量	备注
1	吊车	12t	辆	1	
2	验电器		只	1	
3	接地线	10kV	组	2	
4	接地线	0.4kV	组	2	
5	个人保安线	不小于 16mm²	组	若干	
6	绝缘手套	10kV	副	1	
7	安全带		条	2	
8	脚扣	4	副	1	
9	钢锯弓子	1	把	1	
10	传递绳	15m	条	2	所带工器具的要求是够用和少带
11	挂钩滑轮	0.5t	个	2	
12	手扳葫芦	1.5t	套	1	
13	钢丝绳套	1m	条	3	
14	钢丝绳套	15m	条	1	
15	钢卷尺	3m	个	1	
16	手锤		把	1	
17	大锤	10lb（磅）	把	2	

续表

序号	名称	规格	单位	数量	备注
18	铁锹		把	4	所带工器具的要求是够用和少带
19	夯锤		把	1	
20	桩式地锚		组	2	
21	经纬仪及支架		套	1	
22	螺旋式卡环	卸扣	个	3	
23	个人工具		套	4	
24	镐		把	1	

（2）直线杆正杆所需材料见表 3－9。

表 3－9　直线杆正杆所需材料

序号	名称	规格	单位	数量	备注
1	拉线反光管		套	1	
2	绑线		盘	若干	
3	铝包带		盘	若干	
4	松动剂		瓶	1	
5	钢锯条		条	10	
6	棉纱		kg	0.5	

3. 作业条件

停电进行直线杆正杆的工作系室外电杆上进行的作业项目，要求天气良好，无雷雨、大雪、冰霜，风力不超过 6 级。

（三）操作步骤及质量标准

直线杆正杆分为杆塔垂直线路倾斜和顺线路倾斜两种。

1. 垂直线路倾斜直线杆正杆操作步骤

工作前，要开站班会，正杆工作要设专人统一指挥，要交代施工方法、指挥信号和安全组织、技术措施，工作人员要明确分工、密切配合、服从指挥。检查工作人员精神状态是否良好，向施工人员问清楚对布置的工作、工位分工、施工方法、安全措施等工作内容确已知晓，并在站班会记录卡上签名确认。

（1）用吊车臂支撑着杆塔倾斜的一侧，工作人员登杆在支撑点的下侧绑好吊绳，并挂到吊钩上。然后用吊车固定好杆塔，防止杆上人员在工作时杆塔倾倒。

（2）在杆塔倾斜的反方向，距杆塔约 1.5～2 倍杆高处挖坑栽入地锚，将手扳葫芦下端固定钩与桩式地锚上的钢丝绳套连接。

（3）杆上人员站好适当位置，用传递绳将事先准备好的钢丝绳套拉上杆，把钢丝绳套固定在电杆上，距横担约 1.5m 处，并将手扳葫芦牵引钩挂在套子上，做好临时拉线。

（4）等杆上人员下杆后，用手扳葫芦收紧临时拉线，同时工作人员在杆塔倾斜反方向的杆根处挖去杆根的土。

（5）继续收紧临时拉线，并在杆塔倾斜一侧的杆根处填土夯实，直至将杆塔正好为止。

（6）将杆根周围填土夯实。

（7）拆除手扳葫芦临时拉线和吊车吊绳。正杆完毕。

2. 顺线路倾斜的直线杆正杆操作步骤

工作前，要开站班会，正杆工作要设专人统一指挥，要交代施工方法、指挥信号和安全组织、技术措施，工作人员要明确分工、密切配合、服从指挥。检查工作人员精神状态是否良好，向施工人员问清楚对布置的工作、工位分工、施工方法、安全措施等工作内容确已知晓，并在站班会记录卡上签名确认。

（1）用吊车臂支撑着杆塔倾斜的一侧，工作人员登杆在支撑点的下侧绑好吊绳，并挂到吊钩上。然后用吊车固定好杆塔，防止杆上人员在工作时杆塔倾倒。

（2）在杆塔倾斜的反方向，距杆塔约 1.5～2 倍杆高处挖坑栽入地锚，将手扳葫芦下端固定钩与桩式地锚上的钢丝绳套连接。

（3）杆上人员站好适当位置，用传递绳将事先准备好的钢丝绳套拉上杆，将钢丝绳套固定在电杆上，距横担约 1.5m 处，并将手扳葫芦牵引钩挂在套子上，做好临时拉线。并把临时拉线适当收紧。

（4）将倾斜直线杆固定导线的绝缘子绑线解开，并把导线从绝缘子顶槽移开放在横担上。

（5）等杆上人员下杆后，用手扳葫芦收紧临时拉线，同时工作人员在杆塔倾斜侧反方向的杆根处挖去杆根的土。

（6）继续收紧临时拉线，并在杆塔倾斜侧的杆根处填土夯实。直至将杆塔正好为止。

（7）将杆根周围填土夯实。

（8）将导线绑扎在绝缘子上。

（9）拆除手扳葫芦临时拉线和吊车吊绳。正杆完毕。

3. 验收质量标准

（1）直线杆正好后，杆塔应垂直于地面，并与相邻杆塔在一条直线上。

（2）杆身不得有纵向裂纹，横向裂纹宽度不得超过 0.1mm，长度不得超过周长的 1/3，且 1m 内横向裂纹不得超过 3 处。

（3）杆塔正好后，两侧三相导线弧垂应力求一致，否则应进行调整。

4. 清理现场

作业结束后，工作负责人依据施工验收规范对施工工艺、质量进行自查验收，合格后，清理施工现场，整理工具、材料，办理工作终结手续。

（四）注意事项

（1）杆塔倾斜严重时，禁止在固定杆塔前登杆作业，以防倒杆伤人。

（2）在正杆过程中，收紧临时拉线的人员应与在杆根起、填土人员密切配合，防止在紧临时拉线时杆塔受力过大而导致杆塔裂纹。

习 题

1. 简答：杆上作业登杆前必须做哪些检查？
2. 简答：拉线 UT 型线夹下把制作流程是什么？
3. 简答：耐张绝缘子有哪些种类，特点是什么？

第二节 配电变压器检修

学习目标

1. 认识配电变压器基本结构

2. 掌握配电变压器绝缘性能试验、直流电阻测试、配电柱上变压器及高低压引线更换等检修方法和检修工艺

知识点

一、配电变压器基本结构

配电变压器是指配电系统中根据电磁感应定律变换交流电压和电流而传输交流电能的一种静止电器。

以油浸式配电变压器为例进行结构介绍，其结构可分为本体、储油柜、绝缘套管、分接开关、保护装置等。本体包含铁芯、绕组及绝缘油三部分，绕组是变压器的电路，铁芯是变压器的磁路。二者构成变压器的核心即电磁部分。

二、配电变压器安装位置

配电变压器安装位置可分为室内和室外。常见安装位置有配电变压器台架、箱式变电站、配电所等。

箱式变电站也称预装式变电站或组合式变电站，是指将中压开关、配电变压器、低压出线开关、无功补偿装置和计量装置等设备共同安装于一个封闭箱体内的户外配电装置。箱式变电站按型号可分为欧式箱式变电站和美式箱式变电站，箱式变电站具有以下特点：

（1）占地面积小，一般 5～6m^2 甚至 3～3.5m^2。

（2）低压供电半径较短，损耗较低，现场施工周期短，投资少。

（3）低压供电线路较少，一般 4～6 路工厂化预制，组合方式灵活，外形美观，易与环境相协调。

1. 欧式箱式变电站

欧式箱式变电站由高压室、变压器室、低压室三个独立小室组成。其断面图和接线图如图 3－16 所示。

（1）高压设备一般选用环网式或终端式开关柜，产品结构紧凑、安装方便、性能可靠、少维护，具有完备的“五防”联锁功能。开关柜内套管、隔板、绝缘件等所有附件应采用耐火阻燃材料。

（2）至变压器的间隔一般采用负荷开关和熔断器组合电器，熔断器装有撞击器，当其熔断后，撞针顶动脱扣机构，负荷开关三相同时跳开，避免缺相运行。熔断器的安装位置应便于运行人员进行更换。

（3）变压器可采用油浸式变压器或干式变压器，采用 Dyn11 接线，散热方式可采用自然通风或顶部强迫通风。

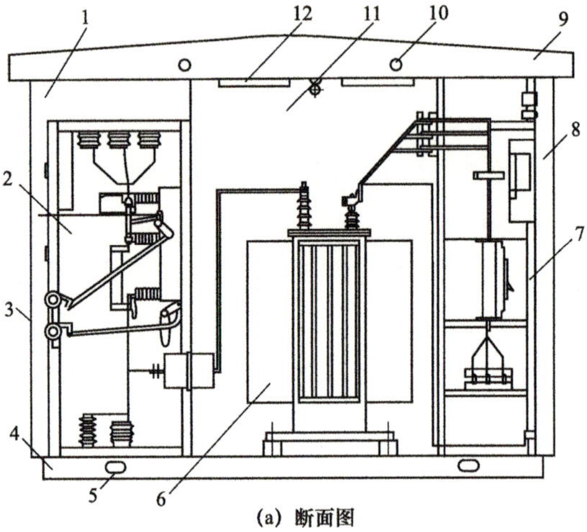

(a) 断面图

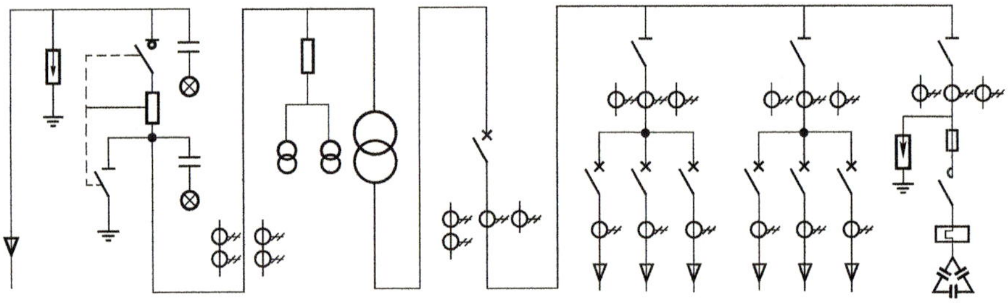

(b) 接线图

图 3-16 欧式箱式变电站断面图和接线图

1—高压室；2—高压柜；3—框架；4—底座；5—底部吊装轴；6—变压器；7—低压柜；8—低压室；9—箱顶；10—顶部吊装支撑；11—变压器室；12—温控排风扇

（4）低压室设有计量和无功补偿装置，可根据用户需要设计二次回路及出线数量，满足不同需求。

（5）外壳可采用金属材料或阻燃型非金属材料，外形及色彩一般与环境协调一致。顶盖采用双层、斜顶结构，隔热效果好。

2. 美式箱式变电站

美式箱式变电站的高压开关与变压器共用一油箱，其外形图和接线图如图 3-17 和图 3-18 所示。

美式箱式变电站采用全密封全绝缘结构，安全性高，可用于环网，也可用于终端，高压侧采用 T 形或 V 形三相联动四位置油负荷开关进行控制，如图 3-19 和图 3-20 所示。

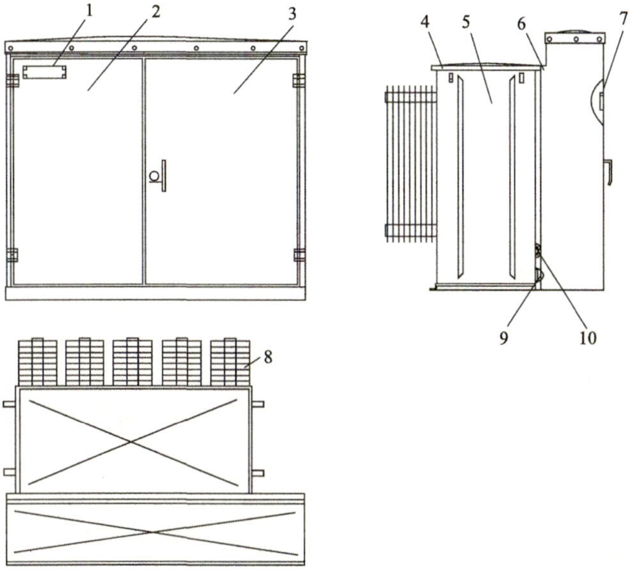

图 3－17　美式箱式变电站外形图

1—铭牌；2—高压室；3—低压室；4—箱顶盖；5—变压器室；6—吊装环；7—压力释放阀；8—散热器；9—低压接地桩；10—箱体接地桩

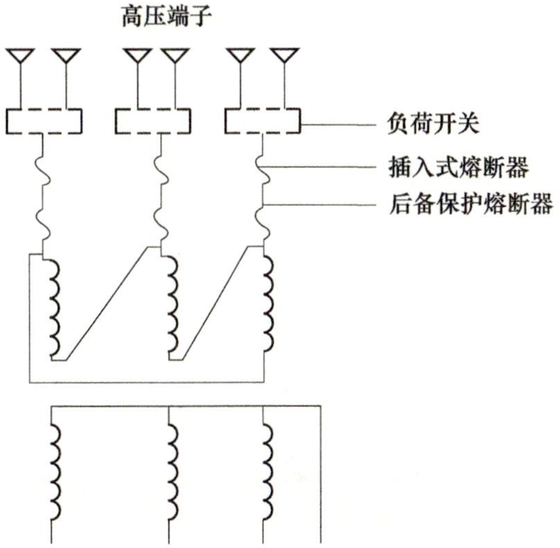

图 3－18　美式箱式变电站接线图

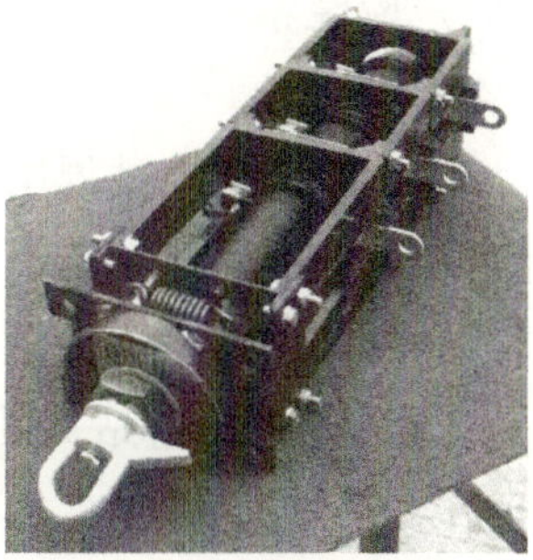

图 3－19　油负荷开关

美式箱式变电站采用后备保护熔断器与插入式熔断器串联保护方式，后备保护熔断器安装在箱体内部，只在箱式变电站变压器发生内部相间故障时动作，用来保护高压线路，而插入式熔断器在二次侧发生短路或过负荷时熔断。

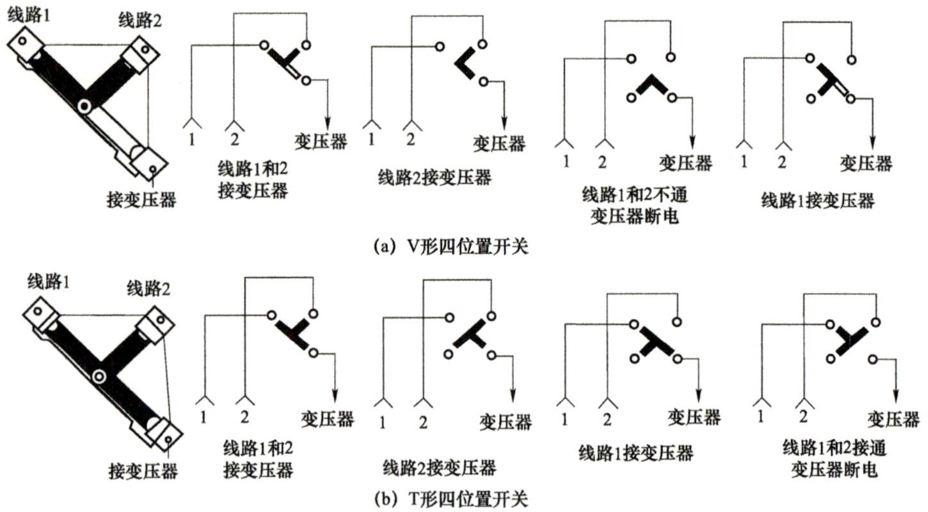

图 3-20　四位置开关接线图

3. 箱式变电站的运行要求

（1）箱式变电站应放置在较高处，不能放在低洼处，以免雨水灌入箱内影响设备运行。浇筑混凝土平台时，要在高低压侧留有空档，便于电缆进出线的敷设。开挖地基时，如遇垃圾或腐蚀土堆积而成的地面，必须挖到实土，然后回填较好的土质夯实，再填三合土或道踏，确保基础稳固。

（2）箱式变电站接地和接零共用一个接地网。接地网一般采用在基础四角打接地桩，然后连为整体。箱式变电站与接地网必须有两处可靠连接。运行后，应经常检查接地连接，不松动，不锈蚀。定期测量接地电阻，应不大于 4Ω。

（3）箱式变电站周围不能堆放杂物，尤其是变压器室门，还应经常清除百叶窗通风孔，确保设备不超过最大允许温度。

（4）低压断路器跳闸后，应查明原因方可送电，防止事故扩大。

（5）箱式变电站高压室应装设氧化锌避雷器，装设方式应便于试验及更换。

（6）高压室中环网开关、变压器、避雷器等设备应定期巡视维护，及时发现缺陷并及时处理，定期进行绝缘预防性试验。超过 3 个月停用，再投运时应进行全项目预防性试验。

三、配电变压器试验

（一）试验项目和周期

根据《电气装置安装工程　电气设备交接试验标准》（GB 50150—2006）规定，配电变压器的试验项目、周期和要求如表3－10所示。

表3－10　　配电变压器的试验项目、周期和要求

序号	试验项目	周期	要求	说明
1	绕组连同套管的绝缘电阻和吸收比	（1）大修后。 （2）每隔1～2年一次。 （3）必要时	（1）在测试温度为20℃左右时，绕组的绝缘电阻值必须大于或等于300MΩ。 （2）在同一配电变压器中，高、低压绕组的绝缘电阻标准相同。 （3）大修后和运行中的标准可自行规定，但在相同温度下，绝缘电阻应不低于出厂值的70%。 （4）吸收比应大于1.3	
2	绕组连同套管的直流电阻	（1）大修后。 （2）每隔1～2年一次。 （3）在变换绕组分接头位置后。 （4）必要时	（1）1600kVA及以下三相变压器，各相测得值的相互差值应小于平均值的4%，线间测得值的相互差值应小于平均值的2%。 （2）1600kVA以上三相变压器，各相测得值的相互差值应小于平均值的2%；线间测得值的相互差值应小于平均值的1%	
3	绕组连同套管的直流泄漏电流	（1）每隔1～2年一次。 （2）必要时	（1）绕组额定电压是6～10kV，直流试验电压是10kV。 （2）配电变压器的泄漏电流值在测试温度为20℃左右时为70μA。 （3）泄漏电流测试值与历年数值比较不应有显著变化	
4	绕组连同套管的工频交流耐压试验	必要时	（1）绕组额定电压小于或等于1kV时试验电压是3kV，交接及大修后试验电压是2.5kV。 （2）绕组额定电压为10kV时，出厂时试验电压是35kV，交接及大修后试验电压是30kV	

（二）高压直流电阻测量

1. 试验条件

（1）环境要求。除另有规定外，试验均应在以下大气条件下进行，且试验期间，大气环境条件应相对稳定。

变压器、电抗器、消弧线圈、互感器、断路器分合闸线圈直流电阻试验要求环境条件如下：

1）环境温度不宜低于 5℃。

2）环境相对湿度不宜大于 80%。

3）现场区域满足试验安全距离要求。

（2）待试验设备要求。

1）待试设备处于检修状态。

2）设备外观清洁、无异常。

3）设备上无其他外部作业。

（3）安全要求。

1）严格执行《电力安全工作规程（配电部分）》相关要求。

2）高压试验工作不得少于两人。试验负责人应由有经验的人员担任，开始试验前，试验负责人应向全体试验人员详细布置试验中的安全注意事项，交代邻近间隔的带电部位，以及其他安全注意事项。

3）试验现场应装设遮栏或围栏，遮栏或围栏与试验设备高压部分应有足够的安全距离，向外悬挂“止步，高压危险！”的标示牌，并派人看守。对于被试设备两端不在同一工作地点时，如电力电缆另一端应派专人看守。

4）应确保操作人员及试验仪器与电力设备的高压部分保持足够的安全距离，且操作人员应使用绝缘垫。

5）试验装置的金属外壳应可靠接地，高压引线应尽量缩短，并采用专用的高压试验线，必要时用绝缘物支挂牢固。

6）试验前必须认真检查试验接线，电流线夹与设备的连接需牢固，防止试验过程中掉落；使用规范的短路线，表计、量程及仪表的开始状态和试验电流档位，均应正确无误。

7）因试验需要断开设备接头时，拆前应做好标记，接后应进行检查。

8）试验前，应通知所有人员离开被试设备，并取得试验负责人许可，方可加压；加压过程中应有人监护并呼唱。

9）变更接线或试验结束时，应首先断开试验电源、放电，并将升压设备的高压部分充分放电、短路接地。

10）应有专人监护，监护人在试验期间应始终行使监护职责，不得擅离岗位或兼职其他工作。

11）登高作业必须佩带安全带，安全带的挂钩或绳子应挂在结实牢固的构件上，或专为挂安全带用的钢丝绳上，并应采用高挂低用的方式。

12）使用梯子前检查梯子是否完好，是否在试验有限期内。必须有人扶梯，扶梯人注意力应集中，对登梯人工作应起监护作用。

13）试验中断、更改接线或结束后，必须切断电源，挂上接地线，防止感应电伤人、高压触电。

14）试验现场出现明显异常情况时（如异音、电压波动、系统接地等），应立即中断加压，停止试验工作，查明异常原因。

15）高压试验作业人员在全部加压过程中，应精力集中，随时警戒异常现象发生。

16）未装接地线的大电容被试设备，应先行放电再做试验。

17）试验结束时，试验人员应充分放电后对被试设备进行检查，拆除自装的接地短路线，恢复试验前的状态，消除直流电阻试验带来的剩磁影响，经试验负责人复查后，进行现场清理。

2. 单臂电桥测量直流电阻

单臂电桥主要用来测量各种电动机、变压器及各种电气设备的直流电阻，以进行设备出厂试验及故障分析。直流单臂电桥又称为惠斯登电桥，是一种用来测量电阻与电阻有一定函数关系的参量的比较式仪器，适用于测量 1Ω～10MΩ的中阻值电阻，测量范围大，精度高。常见的有 QJ23 型直流单臂电桥。

（1）单臂电桥的工作原理。电桥线路是由连接成为环形的四个电阻 R_1、R_2、R_3 和 R_x 组成，其原理图如图 3－21 所示。图中 a、b、c、d 四个点称为电桥的顶点。电阻 R_1、R_2、R_3 和 R_x 为电桥线路桥臂。在顶点 a、c 间接入工作电源 E，ac 支路称为电源对角线。顶点 b、d 间接入检流计 G，作为电桥平衡指示器，bd 支路称为测量对角线，又称为检流计对角线。这样，四边形 $abcd$ 对电源 E 就形成了 abc 和 adc 两条支路。检流计支路则与 abc 和 adc 两条支路成并联连接，就像在它们之间架起了一座“桥”，由此称为桥式电路。

单臂电桥接线图如图 3－22 所示。R_1、R_2、R_3 为已知电阻，R_x 未知电阻，G 为检流计支路的开关，B 为电源支路的开关；接通按钮开关 B 后，调节电阻 R_1、R_2、R_3 使检流计电流 I_g 为 0，指针不偏转，这时电桥平衡，说明 b 和 d 点电位相等。

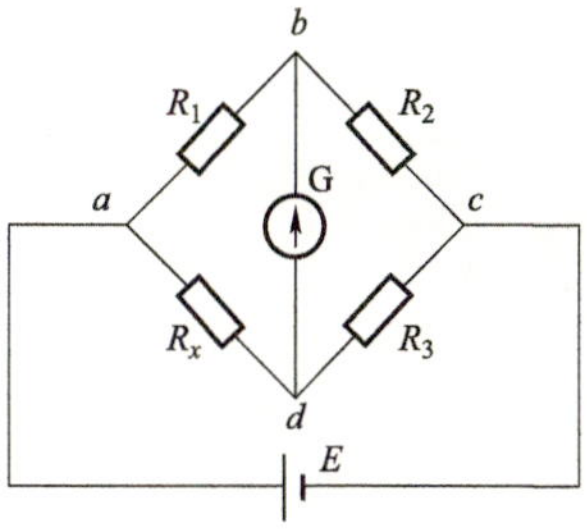

图 3－21　单臂电桥原理图

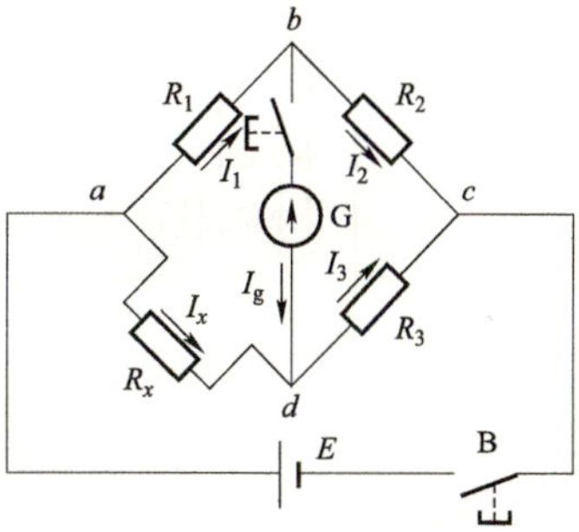

图 3－22　单臂电桥接线图

$U_{ab}=U_{ad}$，即

$$I_1R_1=I_xR_x \tag{3-1}$$

$U_{bc}=U_{dc}$，即

$$I_2R_2=I_3R_3 \tag{3-2}$$

将式（3－1）除以式（3－2）得

$$\frac{I_1R_1}{I_2R_2}=\frac{I_xR_x}{I_3R_3} \tag{3-3}$$

由于 $I_g=0$，所以 $I_1=I_2$，$I_3=I_x$，则

$$R_x=\frac{R_1R_3}{R_2} \tag{3-4}$$

以上是电桥的工作原理。在测量时可根据对被测电阻的粗略估计选取一定的比率臂电阻 R_1、R_2，然后调节比较臂电阻 R_3，使电桥平衡，则比较臂的数值乘上比率臂的倍数就是被测电阻的数值。

（2）典型单臂电桥的使用。以 QJ23 型直流单臂电桥为例介绍单臂电桥的结构和使用。

1）操作面板介绍。

QJ23 型直流单臂电桥的测量范围是 1～9.999MΩ（四位有效数字），准确度为 0.2 级。其面板图如图 3－23 所示。右面的四个比较臂转换开关有 ×1、×10、×100、×1000 四挡；倍率转换开关，有 0.001、0.01、0.1、1、10、100 和 1000 共七挡；检流计实际上是一电流表。两个按钮开关，按电源按钮 E 时电源接通，按检流计按钮 G 则检流计接通。

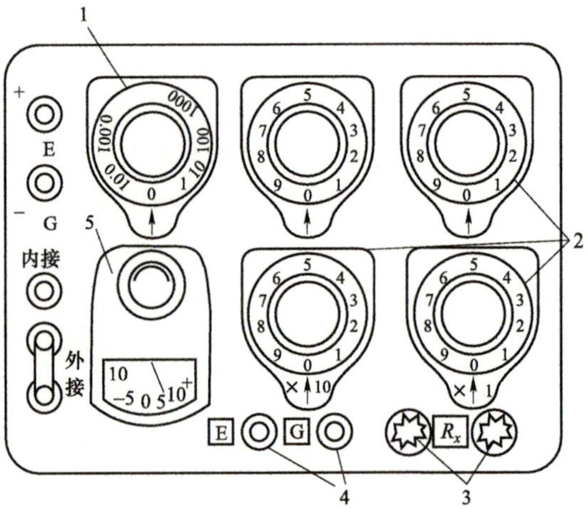

图 3－23　QJ23 型直流单臂电桥面板图

1—倍率转换开关；2—比较臂转换开关；3—被测电阻接线端钮；4—按钮开关；5—检流计；E—外接电源插孔

2）具体的操作步骤。测量时，将被测电阻 R_x 接好，电源接通后，通过调节四个比较臂转换开关和倍率转换开关，使检流计的表针指 0，则此时四个比较臂转换开关的四组数字（个、十、百、千）相加后，乘以倍率转换开关的所选值，即为所测电阻值。其操作步骤如下：

a. 使用前，先把检流计的锁扣打开，并调节调零器把指针调到零位。

b. 将被测电阻 R_x 接在接线端钮上，根据 R_x 的阻值范围选择合适的比较臂倍率，使比较臂的四组电阻都用上。如要测量几十欧的电阻，用比较臂的最高挡 $1000 \times 0.01 = 100$，因而选用 0.01 倍率时四组电阻都能用上。

c. 调节平衡时，按下检流计按钮 G，指针若向“+”移动，应增大比较臂电阻；若向“-”移动则应减小比较臂电阻。开始调节时注意应松开检流计按钮 G 再调，待调到表针接近平衡时，才可按住按钮进行细调，否则，调整中检流计指针可能受到猛烈撞击而损坏；另外，要先按电源按钮 E，再按检流计按钮 G；调节完后，先松开检流计按钮 G，再松开电源按钮 E，以防被测对象产生感应电动势损坏检流计。

d. 如使用外接电源，电压应符合规定；使用外接检流计时，应将内接检流计用短路片短路，将外接检流计接在“外接”端钮上。

e. 测量结束后，应锁上检流计锁扣，以免表针受振动而损坏。

3）使用注意事项。

a. 接入被测电阻时，应选择较粗较短的连接导线，并将接头拧紧。接头接触不良时，将使电桥的平衡不稳定，甚至可能损坏检流计，所以需要特别注意。

b. 进行测量时，应先接通电源按钮，然后接通检流计按钮。测量结束后，应先断开检流计按钮，再断开电源按钮。这是为了防止当被测元件具有电感时，由于电路的通断产生很大的自感电动势而使检流计损坏。在测电感线圈的直流电阻时，这一点尤其需要注意。

c. 电桥使用完毕后，应立即将检流计的锁扣锁上，以防止在搬运过程中将悬丝振坏。有的电桥中检流计不装锁扣，这时，应将检流计按钮 G 断开，它的动断触点就会自动将检流计短路，使可动部分在摆动时受到强烈的阻尼作用而得到保护。

4）日常维护事项。

a. 发现电池电压不足时应更换，否则将影响电桥的灵敏度。

b. 电桥应储存在环境温度为 5～45℃、相对湿度小于 80%的条件下，室内空气中不应含有能腐蚀仪器的气体和有害杂质。

c. 仪器应保持清洁，并避免直接阳光暴晒和剧烈振动。

3. 双臂电桥测量直流电阻

双臂电桥又称为凯尔文电桥，是用来测量小电阻值的一种仪器，适用于测量 1Ω 下的小阻值电阻，如大中型电动机和变压器绕组的电阻，分流器及导线的电阻，或开关的接触电阻等。其特点是可以避免测量时连线接触电阻造成的误差。国产双臂电桥的型号有 QJ28、QJ42 和 QJ44 等。

（1）双臂电桥的工作原理。双臂电桥接线图如图 3－24 所示。

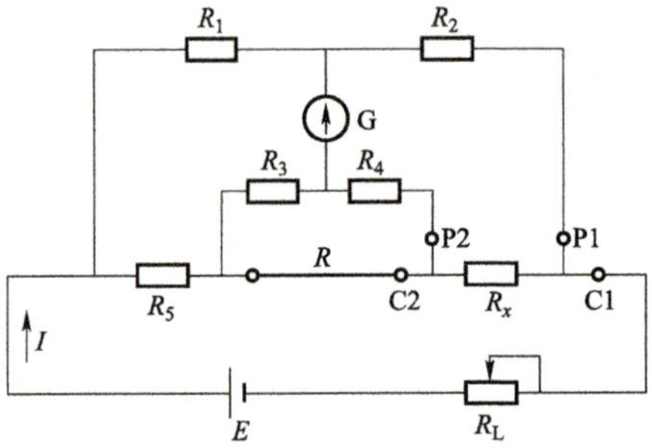

图 3－24　直流双臂电桥接线图

图 3－24 中，电阻 R_1、R_2、R_3、R_4、R_5 为标准电阻，R_x 为被测电阻，R 是一根粗连接线的电阻。被测电阻 R_x 必须具备两对接头：C1、C2 为电流接头和 P1、P2 为电位接头，而且电流接头一定要在电位接头的外边。

由电路的基本原理可以推得，当电桥达到平衡（检流计电流为零）时，被测电阻的计算公式为

$$R_x=\frac{R_2}{R_1}R_5+\frac{RR_3}{R+R_3+R_4}\left(\frac{R_2}{R_1}-\frac{R_3}{R_4}\right) \tag{3-5}$$

在双臂电桥中，通常采用两个机械联动的转换开关，同时调节 R_1 与 R_3、R_2 与 R_4，使 R_1 与 R_3、R_2 与 R_4 总是保持相等，从而使得电桥在调节平衡的过程中，R_2/R_1 恒等于 R_4/R_3，则式（3－5）的第 2 项为零，即

$$R_x=\frac{R_2}{R_1}R_5 \tag{3-6}$$

说明双臂电桥调至平衡时，被测电阻值仍等于比率臂的比率乘以比较臂电阻的数值。但这时被测电阻的引线电阻和接触电阻对测量结果的影响却大为减小了。这可据式（3－5）和式（3－6）加以说明：C1 处的引线电阻和接触电阻只影响总的工作电流 I，对电桥的平衡没有影响，就不会影响测量结果；C2 处的引线电阻和接触电阻可归入 C2 与 R_5 间粗连接线的电阻 R，因为电桥平衡时，R 的大小不会影响 R_5 的数值，对测量结果也无影响；P1 和 P2 处的接触电阻（10^{-3}～10^{-4}Ω）分别包括在 R_2 和 R_4 中，它们与 R_1、R_2、R_3 和 R_5（10Ω以上）相比，对测量的结果影响甚微，综上所述，双臂电桥可以排除和大大减小引线

电阻与接触电阻对测量结果的影响，适用于测量 1Ω以下的小电阻。

（2）典型双臂电桥的使用。以 QJ42 型直流双臂电桥为例介绍双臂电桥的结构和使用。

1）操作面板介绍。图 3－25 为 QJ42 型直流双臂电桥的面板图。各部分名称如下：① 左端有四个接线端钮，C1、C2 称为电流端钮，P1、P2 称为电压端钮，测量时，被测电阻 R_x 的每端接出两根引线，一端接在 C1、P1 上，另一端接在 C2、P2 上；② 右上角是外接或内部电源选择开关和外接电源端钮；③ 下面的比较臂电阻调节盘可在 0.5～110 范围内调节；④ 左上方是倍率选择开关，有 $\times10^{-4}$、$\times10^{-3}$、$\times10^{-2}$、$\times10^{-1}$、$\times1$ 五挡；⑤ 下面是检流计；⑥ 检流计下面是电源按钮 S_E 和检流计按钮 S_G。

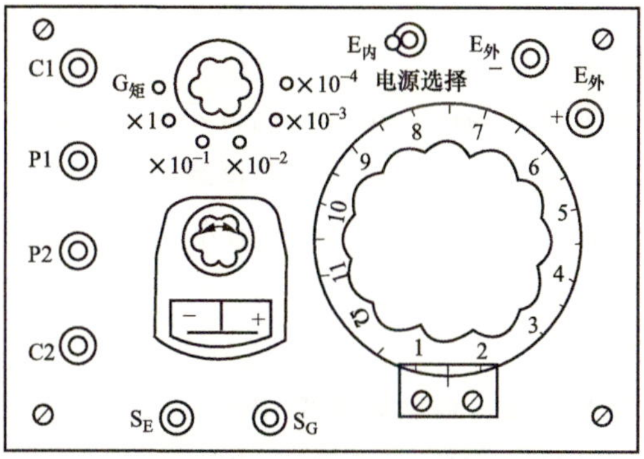

图 3－25 QJ42 型直流双臂电桥面板图

2） 具体的操作步骤。使用时，按照与前面介绍的使用单臂电桥相同的步骤，调节至检流计平衡后，用比较臂电阻值乘以倍率，即得到所测的电阻值。

a. 选择电源为“内接”还是“外接”。

b. 按下检流计电源按钮，调节检流计调零使检流计指针指到 0 位。然后调节检流计灵敏度到最小，并将电源选择开关拔向相应位置。

c. 将被测电阻 R_x 的四端接到双臂电桥的相应四个接线柱上。

d. 估计被测电阻值将倍率开关旋到相应的位置上。

e. 当测量电阻时，调节平衡时，按下 S_E 钮，指针若向“＋”移动，应增大比较臂电阻；若向“－”移动则应减小比较臂电阻。开始调节时注意应松开 S_G 钮再调，待调到表针接近平衡时，才可按住按钮进行细调，否则，调整中检流计指针可能受到猛烈撞击而损坏。

f. 调节完后，先松开检流计按钮 S_G，再松开电源按钮 S_E，以防被测对象产生感应电动势损坏检流计。

g. 记录当时的温度，以便换算，与出厂值比较。

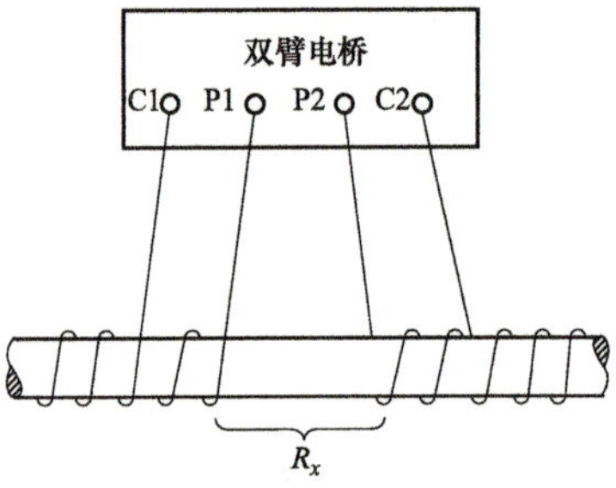

图 3－26　被测电阻的连接方法

3）　使用注意事项。直流双臂电桥的使用方法和注意事项和单臂电桥基本相同，但还要注意以下几点：

a. 被测电阻的电流端钮和电位端钮应与双臂电桥的对应端钮正确连接。当被测电阻没有专门的电位端钮和电流端钮时，也要设法引出四根线和双臂电桥相连接，并用靠近被测电阻的一对导线接到电桥的电位端钮上，如图 3－26 所示。连接导线应尽量用短线和粗线，接头要接牢。

b. 由于双臂电桥的工作电流较大，所以测量要迅速，以免耗电过多，测量结束后应立即关闭电源。

c. 在测量未知电阻时，为保护指零仪指针不被打坏，指零仪的灵敏度掉界旋钮应放在最低位置，使用电桥初步平衡后再增加指零仪灵敏度。在改变指零仪灵敏度或环境等因素的影响，有时会引起指零仪指针偏离零位，在测量之前，随时都可以调节指零仪零位。

4）　日常维护事项。

a. 如电桥长期搁置不用，应将电池取出。

b. 电桥应储存在环境温度为 5～45℃、相对湿度小于 80%的条件下，室内空气中不应含有能腐蚀仪器的气体和有害杂质。

c. 仪器应保持清洁，并避免直接阳光暴晒和剧烈振动。

4. 试验数据分析和处理

（1）直流电阻试验判断标准。

1）1600kVA 以上变压器，各相绕组电阻相间的差别，不大于三相平均值的 2%（警示值）；无中性点引出的绕组，线间差别不应大于三相平均值的 1%（注意值）。

2）1600kVA 及以下变压器，相间差别一般不大于三相平均值的 4%（警示值）；线间差别一般不大于三相平均值的 2%（注意值）。

3）在扣除原始差异之后，同一温度下各绕组电阻的相间差别或线间差别不大于 2%（警示值）。

4）同相初值差不超过±2%（警示值）。

（2）判断分析。根据相应设备进行温度换算，并对试验标准进行比较分析后综合判断。

1）试验数据比较分析。分析时每次所测电阻值都应换算至同一温度下进行比较，有标准值的按标准值进行判断，若比较结果虽未超标，但每次测量数值都有所增加，这种情况也须引起注意；在设备未明确规定最低值的情况下，将结果与有关数据比较，包括同一设备的各相的数据，同类设备间的数据，出厂试验数据，经受不良工况前后，与历次同温度下的数据比较等，结合其他试验综合判断。

2）电阻值温度换算及三项不平衡率计算。测试后对结果分析须进行电阻值换算，主要有不同温度下电阻换算、线电阻与相间电阻换算等。

绕组直流电阻温度换算

$$R_2 = R_1(T + t_2)/(T + t_1) \tag{3-7}$$

式中 R_1，R_2——在温度 t_1、t_2 下的电阻值；

T——电阻温度常数，铜导线取 235，铝导线取 225。

三相电阻不平衡率计算时，计算各相相互间差别应先将测量值换算成相电阻，计算线间差别则以各线间数据计算，即不平衡率=（三相中实测最大值－最小值）×100%/三项算术平均值。

当绕组为星形接线时

$$\begin{aligned} R_a &= (R_{ab} + R_{ac} - R_{bc})/2 \\ R_b &= (R_{ab} + R_{bc} - R_{ac})/2 \\ R_c &= (R_{bc} + R_{ac} - R_{ab})/2 \end{aligned} \tag{3-8}$$

当绕组为三角形接线（$a-y$，$b-z$，$c-x$）时

$$\begin{aligned} R_a &= (R_{ac} - R_p) - R_{ab}R_{bc}/(R_{ac} - R_p) \\ R_b &= (R_{ab} - R_p) - R_{ac}R_{bc}/(R_{ab} - R_p) \\ R_c &= (R_{bc} - R_p) - R_{ab}R_{ac}/(R_{bc} - R_p) \\ R_p &= (R_{ab} + R_{bc} + R_{ac})/2 \end{aligned} \tag{3-9}$$

式中 R_a、R_b、R_c——各相的相电阻；

R_{ab}、R_{bc}、R_{ac}——各相的线电阻。

（三）预防性试验

本节以配电变压器绕组连同套管的绝缘电阻测试、工频交流耐压试验为例介绍配电变压器预防性试验测试步骤、要求及注意事项。

1. 绕组连同套管的绝缘电阻测试

（1）测试接线。配电变压器的绝缘电阻测试项目及接地要求见表 3－11。

表 3-11　配电变压器的绝缘电阻测试项目及接地要求

序号	被测部位	接地部位
1	低压	高压、铁芯、外壳
2	高压	低压、铁芯、外壳

（2）测试步骤和要求。

1）断开变压器的有载分接开关，将变压器各绕组对地充分放电。拆除或断开变压器对外的一切连接线。

2）按要求进行绝缘电阻表检查，若正常，将表计的接地端与被试品的地线连接，高压端接上测试线，测试线的另一端悬空（不接试品），再次驱动绝缘电阻表，表计指示应无明显差异。然后停止绝缘电阻表转动。

3）变压器按表 3-11 测试项目进行绝缘测试，接线图见图 3-27，经检查确认无误后，驱动绝缘电阻表达额定转速，再将测试线搭上测试部位，分别读取 15、60s 的绝缘电阻值，并做好记录。

4）读取绝缘电阻后，应先断开被试品高压端的连接线，然后再将绝缘电阻表停止运转，以免变压器在测量时所充的电荷经绝缘电阻表放电而损坏表计。

（3）测试注意事项。

1）每次测试应选用相同电压、相同型号的绝缘电阻表。

2）测量时宜使用高压屏蔽线，若无高压屏蔽线，测试线不要与地线缠绕，应尽量悬空。

3）非被测部位短路接地要良好，不要接到变压器有油漆的地方，以免影响测试结果。

4）测量应在天气良好的情况进行，且空气相对湿度不高于 80%。若遇天气潮湿、套管表面脏污，则需进行"屏蔽"测量。"屏蔽"测量常用的接线图如图 3-28 所示。

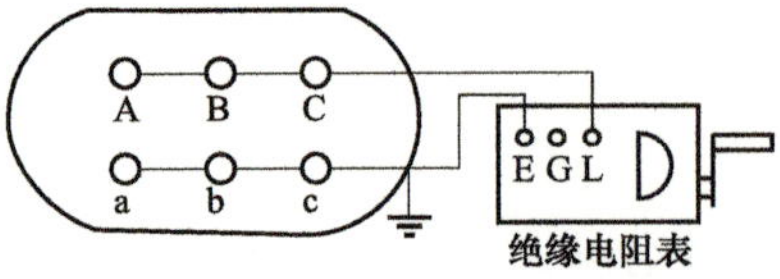

图 3-27　配电变压器的绝缘电阻测试接线图

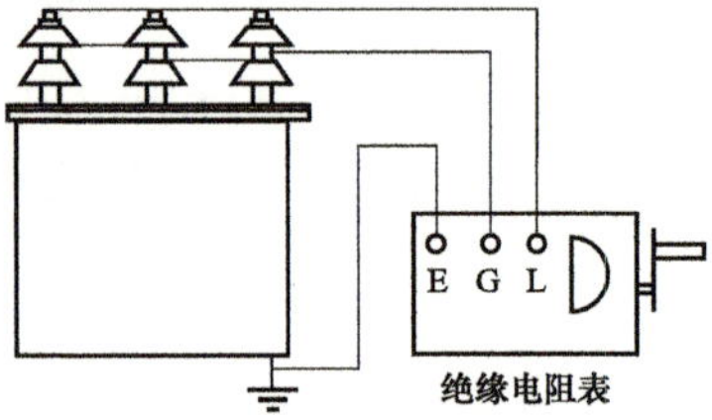

图 3-28　"屏蔽"测量常用的接线图

测量吸收比和测量绝缘电阻的方法大致相同，所不同的是要记录通电时间。通电时间越长，其读数值越大。一般采用 60s 和 15s 绝缘电阻的比值，即为所测得的吸收比。

2. 工频交流耐压试验

工频交流耐压试验对考核变压器的主绝缘强度，检查主绝缘有无局部缺陷具有决定性的作用。它是检查验证变压器设计、制造和安装质量的重要手段。进行耐压试验的设备，可根据情况采用工频试验变压器或串联谐振耐压装置。

（1）试验接线。图 3－29 所示为变压器工频交流耐压试验接线图。图 3－29 中高压绕组整体对地电位相等，整个低压绕组电位为零，高、低压绕组绝缘间承受试验电压。配电变压器的交流耐压试验项目如表 3－12 所示。

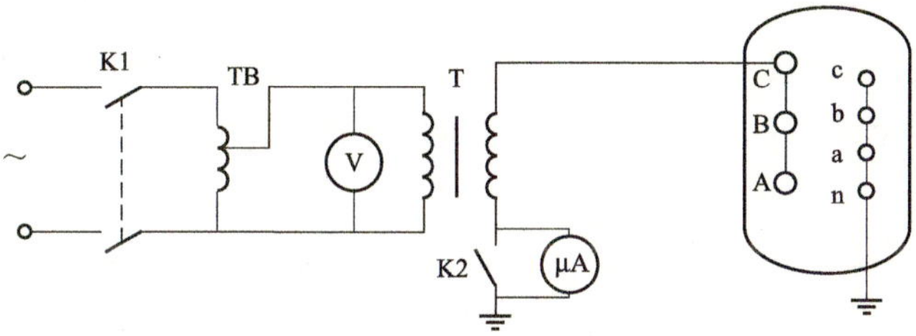

图 3－29　变压器工频交流耐压试验接线图

表 3－12　配电变压器的交流耐压试验项目

序号	加压绕组	接地绕组
1	低压	高压、外壳
2	高压	低压、外壳

（2）试验步骤和要求。

1）将变压器各绕组对地充分放电。拆除或断开变压器对外的一切连接线。

2）进行接线。检查接线正确无误、调压器在零位。被试变压器外壳和非加压绕组应可靠接地，试验回路中过电流和过电压保护应整定正确、可靠。

3）合上试验电源，不接试品升压，将球隙放电电压整定在 1.2 倍额定电压。

4）断开试验电源，降低电压为零，将高压引线接上试品，接通电源，开始升压进行试验。

5）升压必须从零开始，且不可冲击合闸。升压速度在 75%试验电压开始应均匀升压，约为每秒 2%试验电压等速率升压。升压过程中应密切监视高压回路和仪表指示，监听被试品有何异常声音。升至试验电压时，开始计时，并读取试验电压。时间到后，迅速均匀降到零，然后切断电源，放电、挂接地线。试验中如无破坏性放电发生，则认为通过耐压试验。

6）测试绝缘电阻，其值应正常（一般绝缘电阻下降不大于 30%）。

（3）试验注意事项。

1）工频交流耐压试验是一项破坏性试验，因此耐压试验之前被试品必须通过绝缘电阻、吸收比、绝缘油色谱等各项绝缘试验且合格。

2）进行耐压试验时，被试品温度不能低于+5℃，户外试验应在天气良好的情况下进行，且空气相对湿度不高于80%。

3）试验过程中，试验人员之间应口号联系清楚，加压过程中应有人监护并呼唱。

4）加压期间应密切注视表计指示动态，防止谐振现象发生。应注意观察、监听被试变压器、保护球隙的声音和现象，分析区别电晕或放电等有关迹象。

5）若耐压试验进行了数十分钟后，中途因故失去电源，使试验中断，在查明原因、恢复电源后，应重新进行全时间的持续耐压试验，不可仅进行“补足时间”的试验。

6）谐振试验回路品质因数 Q 值的高低与试验设备、试品绝缘表面干燥清洁及高压引线直径大小、长短有关，因此试验宜在天气晴好的情况下进行。试验设备、试品绝缘表面应干燥、清洁。尽量缩短高压引线的长度，采用大直径的高压引线，以减小电晕损耗，提高试验回路品质因数 Q 值。

7）变压器的接地端和测量控制系统的接地端要互相连接，并应自成回路，应采用一点接地方式，即仅有一点和接地网的接地端子相连。

四、配电柱上变压器及高低压引线更换

以汽吊方式更换配电柱上变压器及高低压引线更换为例进行介绍。

（一）作业准备阶段

1. 组织现场勘查

（1）查看现场环境及危险点情况，确定检修停电和施工作业范围。

（2）合理配置作业人员。

（3）填写现场勘察记录。

2. 编制施工作业方案

严格执行《电力安全工作规程（配电部分）》，编制现场施工作业方案，主要包括组织措施、技术措施、安全措施等，经批准后执行。

3. 提交并办理相关停电申请

（1）确认现场检修变压器的停电范围。

（2）向调度提交书面停电申请单。

4. 工器具和材料准备

（1）对施工作业现场所需的安全工机具、施工器具、仪器仪表、材料物资等检查并确认，满足本次施工要求。

（2）准备相关图纸及技术资料。配电变压器及高低压引线更换所需工器具见表3－13，所需设备与材料见表3－14。

表3－13　　配电变压器及高低压引线更换所需工器具

序号	名称	规格	单位	数量	备注
1	验电器	10kV	只	1	
2	验电器	0.4kV	只	1	
3	接地线	10kV	组	2	
4	接地线	0.4kV	组	1	
5	个人保安线	不小于 $16mm^2$	组	2	
6	绝缘手套	10kV	副	1	
7	安全带		条	2	
8	脚扣		副	2	
9	10kV 绝缘操作杆	4m	套	1	
10	绝缘靴	10kV	双	1	
11	螺旋式卡环		个	4	
12	个人工具		套	4	
13	钢锯弓子		把	1	
14	警告牌、安全围栏		套	若干	
15	钢卷尺	3m	个	1	
16	挂钩滑轮	0.5t	个	2	
17	传递绳	15m	根	2	
18	钢丝绳套		条	3	
19	固定缆绳		套	1	
20	吊绳		根	1	
21	圆钢管吊杠 150mm×5m×3		根	1	
22	手扳葫芦		个	1	
23	吊杠固定专用钢丝绳套	2m	条	2	
24	手锤		把	1	
25	断线钳	1号	把	1	
26	吊车	8t	辆	1	

续表

序号	名称	规格	单位	数量	备注
27	（白棕绳）滑车组	3m	套	1	
28	绝缘电阻表	2500V	块	1	
29	单臂电桥		台	1	
30	双臂电桥		台	1	
31	接地电阻表		台	1	
32	其他				按工程需要配置

表 3－14　配电变压器及高低压引线更换所需设备与材料

序号	名称	规格	单位	数量	备注
1	配电变压器		台	1	
2	松动剂		瓶	1	
3	钢锯条		条	10	
4	棉纱		kg	0.5	
5	螺栓	M16×40	只	4	
6	螺栓	M16×100	只	4	
7	设备线夹	根据需要准备	个	根据需要准备	
8	10kV 绝缘线	根据需要准备	m	根据需要准备	
9	低压绝缘线或低压电缆	根据需要准备	m	根据需要准备	
10	其他				按工程需要配置

5. 工作票填写

（1）填写配电第一种工作票，应按《电力安全工作规程（配电部分）》规范填写。

（2）若一张停电作业工作票下设多个小组工作，每个小组应指定小组工作负责人（监护人），并使用工作任务单。

（二）作业实施阶段

1. 现场开工会

（1）工作负责人组织现场开工会，有记录并有录音。

（2）工作负责人应检查工作班成员着装是否整齐，符合要求，安全用具和劳保用品是否佩戴齐全。

（3）工作班成员列队并面向工作地点，由工作负责人宣读检修作业内容，交代现场安全措施，危险点防范等注意事项并进行现场人员分工，交代各作业位置工作方案。

（4）全体作业人员分工明确，任务落实到人，安全措施交代到位以后进行签字确认。

（5）工作负责人发布开始工作的命令。

2. 检查停电范围

（1）必须核对停电检修线路的双重名称及配变台区无误。

（2）必须明确配变台区安全措施已经完成。

3. 检查新变压器

（1）对新变压器进行外观检查，确认型号无误。检查高、低压套管表面无硬伤、裂纹，清除表面灰垢、附着物及不应有的涂料。

（2）各部位连接螺栓牢固，各接口无渗油，外壳无机械损伤和锈蚀，油漆完好。

（3）检查分接开关在中间档位置。特殊规格按设计要求检查。

（4）检查出厂产品说明书、试验报告及合格证齐全有效。

（5）使用 2500V 兆欧表测绕组连同套管 1min 时的绝缘电阻。在同等温度下，绝缘电阻值不低于产品出厂试验值的 70%。当无出厂报告时，可参考表 3－15 所示的油浸式电力变压器绕组绝缘电阻的最低允许值。

表 3－15　油浸式电力变压器绕组绝缘电阻的最低允许值　（MΩ）

高压绕组电压等级（kV）	温度（℃）								
	5	10	20	30	40	50	60	70	80
3~10	540	450	300	200	130	90	60	40	25
20~35	720	600	400	270	180	120	80	50	35

（6）用单、双臂电桥分别测量变压器高、低压侧绕组连同套管的直流电阻，1600kVA 及以下三相变压器各相绕组相互间的差别不应大于 4%，无中性点引出的绕组，线间各绕组相互间差别不应大于 2%。

4. 拆除旧变压器

（1）登杆前，必须检查杆根并确认变压器台架结构牢固。

（2）拆除变压器高、低压端子的防护罩，高、低压引线，表计接线及外壳接地线。

（3）将旧变压器吊离台架。工作负责人指挥吊车进入工作区内，站好工作位置，司机应根据摆放位置的地质情况，垫好伸缩支腿。吊车司机在工作负责人的指挥下操纵吊车，杆上人员将钢丝绳下套分别套入变压器吊点上后，拆除

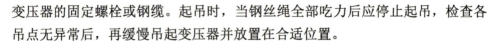

变压器的固定螺栓或钢缆。起吊时，当钢丝绳全部吃力后应停止起吊，检查各吊点无异常后，再缓慢吊起变压器并放置在合适位置。

5. 安装新变压器

（1）起吊新变压器并就位。吊车司机在工作负责人的指挥下操纵吊车，将钢丝绳下套分别套入变压器吊点上。起吊时，当钢丝绳全部吃力后应停止起吊，检查各吊点无异常后，再缓慢吊起变压器并放置在台架上。

（2）缓慢调整变压器到合适位置，并用螺栓或专用钢缆将变压器固定牢固。

（3）连接变压器高、低压引线，表计接线及外壳接地线。铜铝连接应有可靠的过渡措施。

（4）安装变压器高、低压桩头绝缘防护罩。

（三）作业结束阶段

1. 质量验收

（1）工作负责人依据施工验收规范对施工工艺、质量进行自查验收。清点全部作业人员已撤离作业位置，经验收合格后拆除安全措施。

（2）检查所有连接螺栓应紧固。

（3）高、低压引线排列整齐、美观，连接良好，不应过紧或过松，变压器桩头不应受到引线的拉力。

（4）变压器上无遗留物，瓷件清洁，外壳无渗漏油现象。

（5）变压器分接开关位置到位、正确。

（6）变压器外壳及中性点接地良好。容量大于 100kVA 时，接地电阻不大于 4Ω；容量不超过 100kVA 时，接地电阻不大于 10Ω。

（7）清理施工现场，整理工具、材料，做到工完料尽场地清。

2. 工作终结

（1）办理配电第一种工作票终结手续，工作终结后任何人员严禁再触及线路设备。

（2）变压器送电后，确认相关用户确实已有电压，相位、相序正确。

习 题

1. 简答：调整配电变压器分接开关后，要进行什么测试？测试结果应满足什么标准？

2. 简答：配电变压器绝缘电阻测试的注意事项有哪些？

3. 简答：配电变压器的常见试验项目有哪些？
4. 简答：配电变压器测量吸收比和绝缘电阻的判断标准是什么？
5. 简答：配电变压器测量直流电阻的判断标准是什么？

第三节　配电柱上开关检修

学习目标

1. 掌握柱上断路器缺陷处理、柱上断路器的更换以及相关附属设备检修、隔离开关的更换

2. 能胜任配电柱上开关检修工作

知识点

一、柱上断路器常见缺陷的主要原因

1. SF_6断路器气压下降

主要原因：① 瓷套与法兰胶合处胶合不良；② 瓷套的胶垫连接处，胶垫老化或位置未放正；③ 滑动密封处密封圈损伤，或滑动杆光洁度不够；④ 管接头处及自封阀处固定不紧或有杂物；⑤ 压力表，特别是接头处密封垫损伤。

2. 真空断路器真空度下降

主要原因：① 使用材料气密情况不良；② 金属波纹管密封质量不良；③ 在调试过程中行程超过波纹管的范围或超程过大，受冲击力太大。

3. 柱上断路器拒合故障主要原因及判断

断路器的“拒跳”对系统安全运行的威胁性很大，一旦某一单元发生故障时，断路器拒动，将会造成上一级断路器跳闸，称为“越级跳闸”。这将扩大事故停电范围，甚至有时会导致系统解列，造成大面积停电的恶性事故。因此，“拒跳”比“拒合”带来的危害性更大，运行维护人员要足够认识和重视，对此类故障缺陷处理方法如下：

（1）根据事故现象，可判别是否属断路器“拒跳”的事故。“拒跳”的故障特征为：回路光字牌亮，信号掉牌显示保护动作，但该回路红灯不亮，上一级的后备保护如主变压器复合电压过流等动作。

（2）确定断路器故障，应立即手动拉闸。

1）当尚未判明故障断路器之前，应先拉开电源总断路器。

2）当上级的后备保护动作造成停电时，若查明有分路保护动作，但断路器未跳闸，应拉开拒动的断路器，恢复上级电源断路器，若查明各分路保护均未动作，则应检查停电范围内设备有无故障，若无故障应拉开所有分路断路器，合上电源断路器后，逐一进行试送各分路断路器。当送到某一分路时电源断路器又再跳闸，则可判明该断路器为故障（拒跳）断路器，这时应将其隔离，同时恢复其他回路供电。

3）在检查“拒跳”断路器除了属迅速排除的一般电气故障（如控制电源电压过低或控制回路熔断器接触不良，熔丝熔断等）外，对一时难以处理的电气机械性故障，均应联系调度，作为停电检修处理。

（3）对“拒跳”断路器的电气及机械方面故障的分析、判断方法：

1）断路器拒跳故障查找方法。应判断是电气回路故障还是机械方面故障：① 检查是否为跳闸电源的电压过低所致；② 检查跳闸回路是否完好，如跳闸铁芯动作良好，断路器拒跳，则说明是机械故障；③ 如果电源良好，铁芯动作无力，铁芯卡涩或线圈故障造成拒跳，往往可能是电气和机械两方面同时存在故障；④ 如果操作电源正常，操作后铁芯不动，则多半是电气故障引起“拒跳”。

2）电气方面原因：① 控制回路熔断器熔丝熔断或跳闸回路各元件接触不良，如控制开关触点、断路器操动机构辅助触点、防跳继电器和继电器保护跳闸回路等接触不良；② SF_6 断路器的气体压力低，继电器闭锁操作回路；③ 跳闸线圈故障。

3）机构方面原因：① 跳闸铁芯动作冲劲不足，说明铁芯卡涩或跳闸铁芯脱落；② 分闸弹簧失灵、分闸阀卡死、大量漏气等；③ 触头发生焊接或机械卡涩，传动部分卡涩（如销子脱落）。

4）断路器误跳、误合缺陷故障的处理原则：首先根据误合、误跳前后表计信号（灯光）特征来判明是误跳或误合；其次在电气、机械两个方面查明原因，分别检修处理。

4. 柱上断路器过热主要原因

造成柱上断路器过热的原因有：

（1）过负荷。

（2）触头接触不良，接触电阻超标。

（3）导电杆与设备接线线夹连接松动。

（4）导电回路内各电流过渡部件，紧固件松动或氧化，导致过热。

二、柱上断路器常见缺陷处理原则和方法

柱上断路器常见缺陷处理原则和方法见表 3－16。

表 3－16 柱上断路器常见缺陷处理原则和方法

序号	缺陷描述	缺陷处理原则及方法
1	套管破损、裂纹	发现后及时更换
2	10kV 柱上 SF_6 断路器 SF_6 气压不正常	根据压力表或密度继电器检测气体泄漏，SF_6 充气压力一般为 0.04～0.1MPa，用 SF_6 气体作为绝缘和防凝露介质的开关，年漏气率应不大于 3%
3	真空断路器真空度下降	真空管内的真空度应保持 1×10^{-8}～1.33×10^{-3}Pa 范围内。 （1）根据观察颜色（真空度降低则变为橙红色）及停电进行耐压试验鉴别是否下降。 （2）真空度下降的原因：主要有材料气密情况不良；波纹管密封质量不良；断路器或开关调试后冲击力过大
4	断路器拒分、拒合	（1）检查电器回路有无断线、短路等现象。 （2）检查机械回路有无卡塞。 （3）检查辅助开关是否正确转换
5	断路器分、合闸不到位	（1）检查辅助开关转换正确性。 （2）检查分闸或合闸弹簧是否损伤。 （3）检查操动机构中其他连板及构件是否处于正确对应状态
6	断路器干式电流互感器故障	（1）停电后进行常规试验。 （2）进行局部放电测量，在 1.1 倍相电压的局部放量应不大于 10pC
7	接地引下线破损、接地电阻不合格	停电后进行修复，对接地电阻不合格者应重新外引接地体
8	断路器或开关支架有脱落现象	应作为紧急缺陷停电处理
9	操动机构不灵活、锈蚀	添加润滑剂
10	柱上断路器引接线接头发热	通过红外线检测实际温度，然后再判断处理

三、柱上断路器的更换

（一）危险点分析与控制措施

（1）为防止误登杆塔，作业人员在登塔前应核对停电线路的双重称号，与工作票一致后方可工作。

（2）为防止作业人员高空坠落，杆塔上工作的作业人员必须正确使用安全带、后备保护绳两道保护。在杆塔上作业时，安全带应系在牢固的构件上，高空作业工作中不得失去双重保护，上下杆过程及转向移位时不得失去一重保护。

（3）为防止高空坠落物体打击，作业现场人员必须戴好安全帽，施工现场

应设安全围栏，防止无关人员进入施工现场，严禁在作业点正下方逗留。

（4）登杆塔前要对杆塔进行检查，内容包括杆塔是否有裂纹，杆塔埋设深度是否达到要求；同时要对登高工具进行检查，看其是否在试验期限内；登杆前要对脚扣和安全带、后备保护绳做冲击试验。

（5）高空作业时不得失去监护。

（6）杆上作业时，上下传递工器具、材料等必须使用传递绳，严禁抛扔。传递绳索与横担之间的绳结应系好以防脱落，金具可以放在工具袋传递，防止高空坠物。

（7）为防止断路器在起吊中脱落，吊装前，应对钢丝绳套进行外观检查，应无断股、烧伤、挤压伤等明显缺陷，其强度满足设备荷重要求。

（8）起吊过程中，应统一信号，设专人指挥，吊臂下严禁有人逗留，防止在吊放过程中挤伤及坠落伤人。

（9）断路器接线柱需用临时罩壳遮住，以防外物损坏断路器绝缘子。

（二）作业前准备

1. 现场勘察

工作负责人接到任务后，应组织有关人员到现场勘察，应查看接受的任务是否与现场相符，作业现场的条件、环境，所需各种工器具、材料、车辆及危险点等。

2. 工器具和材料准备

（1）更换断路器所需工器具见表 3－17。

表 3－17 更换断路器所需工器具

序号	名称	规格	单位	数量	备注
1	验电器	10kV	支	1	10、0.4kV 合一的验电器
2	验电器	0.4kV	支	1	
3	接地线	10kV	组	2	所带工器具的要求是够用和少带
4	接地线	0.4kV	组	2	
5	个人保安地线	不小于 $16mm^2$	组	2	
6	绝缘手套	10kV	副	1	
7	带绳	10m	条	2	
8	安全带		条	2	
9	脚扣		副	2	
10	绝缘电阻表	2500V	块	1	

续表

序号	名称	规格	单位	数量	备注
11	个人工具		套	4	所带工器具的要求是够用和少带
12	钢锯弓子		把	1	
13	警告牌、安全围栏		套	若干	
14	钢卷尺	3m	个	1	
15	挂钩滑轮	0.5t	个	2	
16	传递绳	15m	条	2	
17	钢丝绳套		条	3	
18	手锤		把	1	
19	断线钳	1 号	把	1	
20	吊车	8t	辆	1	
21	（白棕绳）滑车组	12m	套	1	

（2）更换断路器所需材料见表 3－18。

表 3－18　更换断路器所需材料

序号	名称	规格	单位	数量	备注
1	断路器	根据计划准备	台	1	
2	松动剂		瓶	1	
3	钢锯条		条	10	
4	棉纱		kg	0.5	
5	铜铝线夹过渡端子	$185mm^2$	个	6	
6	异型平沟线夹	$185mm^2$	个	6	
7	绝缘线	JKLYJ－10－$185mm^2$	m	15	
8	绝缘自黏带		盘	1	

3. 断路器更换前检查

（1）新断路器出厂产品说明书、试验报告及合格证应齐全有效。

（2）对新断路器进行外观检查，确认型号无误。检查套管表面无硬伤、裂纹，导电杆应完好，清除表面灰垢、附着物及不应有的涂料。

（3）各部位连接螺栓牢固，外壳无机械损伤和锈蚀，油漆完好。

（4）分、合闸操动机构灵活可靠，分、合闸指示正确。

（5）断路器铭牌所列内容清楚、齐全。

（6）检查断路器保护定值无误。

（7）断路器导电回路直流电阻的测量。用电桥测量断路器三相回路直流电阻，均应不大于 50μΩ。

（8）绝缘电阻的测量。用 2500V 绝缘电阻表分别测量断路器三相对地及相间绝缘电阻，并应不小于 2500MΩ。

（9）交流耐压试验。分别进行断路器合闸和分闸时的耐压试验。合闸时，开关相间、相对地间的耐压不小于 42kV/min；分闸时，断口耐压不小于 38kV/min。

4. 作业条件

更换断路器是室外及电杆上进行的作业项目，要求天气良好，无雷雨，风力不超过 6 级。

（三）操作步骤及质量标准

1. 更换断路器的工作流程

更换断路器的工作流程如图 3－30 所示。

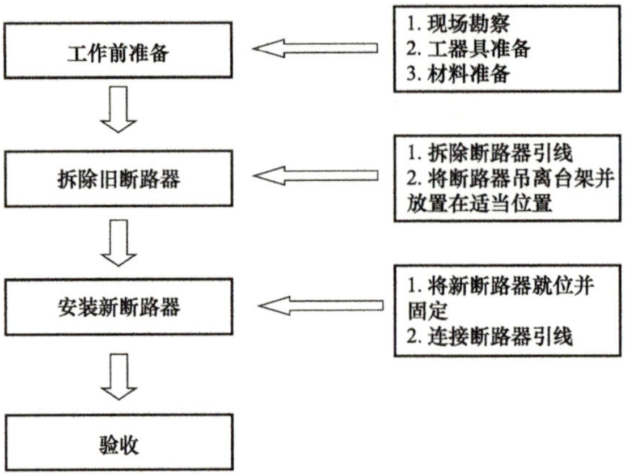

图 3－30　更换断路器的工作流程

2. 操作步骤和质量标准

（1）拆除旧断路器。

工作前开站班会，交代施工方法、指挥信号和安全组织、技术措施，工作人员要明确分工、密切配合、服从指挥。检查工作人员精神状态是否良好，向施工人员问清楚对所布置的工作、工位分工、施工方法、安全措施等工作内容确已知晓，并在站班会记录卡上签名确认。

1）登杆前，必须检查杆根并确认断路器台架结构牢固。并做好安全措施。

2）拆除断路器端子的护罩、引线及外壳接地线。

3）将旧断路器吊离台架。工作负责人指挥吊车进入工作区内，站好工作位置，司机应根据摆放位置的地质情况，垫好伸缩支腿。吊车司机在工作负责人的指挥下操纵吊车，杆上人员将钢丝绳下套分别套入断路器吊点上后，拆除断路器的固定螺栓。起吊时，当钢丝绳全部吃力后应停止起吊，检查各吊点无异常后，再缓慢吊起断路器并放置在合适位置。

（2）安装新断路器。

1）起吊新断路器并就位。吊车司机在工作负责人的指挥下操纵吊车，将钢丝绳下套分别套入断路器吊点上。起吊时，当钢丝绳全部吃力后应停止起吊，检查各吊点无异常后，再缓慢吊起断路器并放置在台架上。

2）缓慢调整断路器到合适位置，并用螺栓将断路器固定牢固。

3）连接断路器引线及外壳接地线。铜铝连接应有可靠的过渡措施。

4）安装断路器连接端子绝缘防护罩。

（3）验收质量标准。

1）柱上断路器应安装牢固可靠，水平倾斜不大于托架长度的1%。

2）进行分、合闸机械操动检查，动作应正确、灵活，分、合闸指示应正确可靠。

3）三相引线连接可靠，排列规范整齐，相间距离不小于300mm。

4）断路器本体接地可靠，接地电阻不大于10Ω。

5）断路器保护定值整定，符合原设计要求。

（4）清理现场。作业结束后，工作负责人依据施工验收规范对施工工艺、质量进行自查验收。合格后，清理施工现场，整理工具、材料，办理工作终结手续。

（四）注意事项

（1）恢复断路器引线前，应合上断路器，以防在连接引线时断路器导电杆转动。

（2）断路器引线连接后，不应使断路器连接端子受力。

四、柱上断路器附属设备检修

柱上断路器附属设备检修主要有更换电压互感器、更换柱上断路器操作机构部件、更换导电连接点螺栓线夹等。以更换电压互感器为例，进行实操讲解。

（一）作业准备阶段

1. 组织现场勘查

（1）查看现场环境及危险点情况，确定检修停电和施工作业范围。

（2）合理配置作业人员。

（3）填写现场勘察记录。

2. 编制施工作业方案

严格执行《电力安全工作规程（配电部分）》，编制现场施工作业方案，主要包括组织措施、技术措施、安全措施等，经批准后执行。

3. 提交并办理相关停电申请

（1）确认现场检修柱上断路器检修的停电范围。

（2）向调度提交书面停电申请单。

4. 工器具和材料准备

（1）对施工作业现场所需的安全工机具、施工器具、仪器仪表、材料物资等检查并确认，满足本次施工要求。

（2）准备相关图纸及技术资料。更换电压互感器及引线所需工器具见表3－19，所需设备与材料见表3－20。

表3－19　　更换电压互感器及引线所需工器具

序号	名称	规格	单位	数量	备注
1	验电器	10kV	只	1	
2	验电器	0.4kV	只	1	
3	接地线	10kV	组	2	
4	接地线	0.4kV	组	1	
5	个人保安线	不小于16mm²	组	2	
6	绝缘手套	10kV	副	1	
7	安全带		条	2	
8	脚扣		副	2	
9	10kV绝缘操作杆	4m	套	1	
10	绝缘靴	10kV	双	1	
11	螺旋式卡环		个	4	
12	个人工具		套	4	
13	钢锯弓子		把	1	
14	警告牌、安全围栏		套	若干	
15	钢卷尺	3m	个	1	

续表

序号	名称	规格	单位	数量	备注
16	挂钩滑轮	0.5t	个	2	
17	传递绳	15m	根	2	
18	钢丝绳套		条	3	
19	固定缆绳		套	1	
20	吊绳		根	1	
21	圆钢管吊杠 150mm × 5m × 3		根	1	
22	手扳葫芦		个	1	
23	吊杠固定专用钢丝绳套	2m	条	2	
24	手锤		把	1	
25	断线钳	1 号	把	1	
26	吊车	8t	辆	1	
27	（白棕绳）滑车组	3m	套	1	
28	其他				按工程需要配置

表 3-20 更换电压互感器及引线所需设备与材料

序号	名称	规格	单位	数量	备注
1	电压互感器		台	1	
2	松动剂		瓶	1	
3	钢锯条		条	10	
4	棉纱		kg	0.5	
5	螺栓	M16 × 40	只	4	
6	螺栓	M16 × 100	只	4	
7	设备线夹	根据需要准备	个	根据需要准备	
8	10kV 绝缘线	根据需要准备	m	根据需要准备	
9	低压绝缘线或低压电缆	根据需要准备	m	根据需要准备	
10	其他				按工程需要配置

5. 工作票填写

（1）填写配电第一种工作票，应按《电力安全工作规程（配电部分）》规范填写。

（2）若一张停电作业工作票下设多个小组工作，每个小组应指定小组工作负责人（监护人），并使用工作任务单。

（二）作业实施阶段

1. 现场开工会

（1）工作负责人组织现场开工会，有记录并有录音。

（2）工作负责人应检查工作班成员着装是否整齐，是否符合要求，安全用具和劳保用品是否佩带齐全。

（3）工作班成员列队并面向工作地点，由工作负责人宣读检修作业内容，交代现场安全措施、危险点防范等注意事项并进行现场人员分工，交代各作业位置工作方案。

（4）全体作业人员分工明确，任务落实到人，安全措施交代到位以后进行签字确认。

（5）工作负责人发布开始工作的命令。

2. 检查停电范围

（1）必须核对停电检修线路的双重名称及配变台区无误。

（2）必须明确配变台区安全措施已经完成。

3. 电压互感器更换前检查

（1）新电压互感器出厂产品说明书、试验报告及合格证应齐全有效。

（2）对新电压互感器进行外观检查，确认型号无误。检查套管表面无硬伤、裂纹，导电杆应完好，清除表面灰垢、附着物及不应有的涂料。

（3）外壳无机械损伤和锈蚀，油漆完好。

（4）电压互感器铭牌所列内容清楚、齐全。

4. 作业条件

电压互感器的更换工作系室外及电杆上进行的作业项目，要求天气良好，无雷雨，风力不超过 6 级。

（三）操作步骤及质量标准

1. 拆除旧电压互感器

工作开站班会，交代施工方法、指挥信号和安全组织、技术措施，工作人员要明确分工、密切配合、服从指挥。检查工作人员精神状态是否良好，向施工人员问清楚对所布置的工作、工位分工、施工方法、安全措施等工作内容确已知晓，并在站班会记录卡上签名确认。

（1）登杆前，必须检查杆根并确认电压互感器横担结构牢固。并做好安全措施。

（2）拆除电压互感器上下引线。

（3）将旧电压互感器吊离横担。工作负责人指挥杆上作业人员双人站好工作位置，安装滑轮，地面人员配合拆除电压互感器。

2. 安装新电压互感器

（1）起吊新电压互感器并就位。杆上作业人员在工作负责人指挥下，控制吊绳，地面人员将吊绳固定电压互感器，拉动滑轮，起吊电压互感器。

（2）缓慢调整电压互感器到合适位置，并用螺栓固定牢固。

（3）连接电压互感器引线。铜铝连接应有可靠的过渡措施。

3. 验收质量标准

安装方法正确，操作熟练规范，相间距离一致，互感器与横担、互感器与引线连接牢固，引线剥去线芯端子绝缘层，长度比线鼻子内孔深度大 5mm，压痕不少于 3 道，深度不小于 2mm。

4. 清理现场

作业结束后，工作负责人依据施工验收规范对施工工艺、质量进行自查验收。合格后，清理施工现场，整理工具、材料，办理工作终结手续。

五、隔离开关的更换

（一）危险点分析与控制措施

（1）为防止误登杆塔，作业人员在登塔前应核对停电线路的双重称号，与工作票一致后方可工作。

（2）登杆塔前要对杆塔进行检查，内容包括杆塔是否有裂纹，杆塔埋设深度是否达到要求；同时要对登高工具进行检查，看其是否在试验期限内；登杆前要对脚扣和安全带、后备保护绳做冲击试验。

（3）为防止高空坠落物体打击，作业现场人员必须戴好安全帽，施工现场应设安全围栏，防止无关人员进入施工现场，严禁在作业点正下方逗留。

（4）为防止作业人员高空坠落，杆塔上工作的作业人员必须正确使用安全带、后备保护绳两道保护。在杆塔上作业时，安全带应系在牢固的构件上，高空作业工作中不得失去双重保护，上下杆过程及转向移位时不得失去一重保护。

（5）高空作业时不得失去监护。

（6）杆上作业时，上下传递工器具、材料等必须使用传递绳，严禁抛扔。传递绳索与横担之间的绳结应系好以防脱落，金具可以放在工具袋传递，防止高空坠物。

（二）作业前准备

1. 现场勘察

工作负责人接到任务后，应组织有关人员到现场勘察，应查看接受的任务是否与现场相符，作业现场的条件、环境，所需各种工器具、材料及危险点等。

2. 工器具和材料准备

（1）更换隔离开关所需工器具见表 3－21。

表 3－21　　更换隔离开关所需工器具

序号	名称	规格	单位	数量	备注
1	验电器	10kV	支	1	10、0.4kV合一的验电器所带工器具的要求是够用和少带
2	验电器	0.4kV	支	1	
3	接地线	10kV	组	2	
4	接地线	0.4kV	组	2	
5	个人保安地线	不小于 $16mm^2$	组	2	
6	绝缘手套	10kV	副	1	
7	传递绳	15m	条	1	
8	安全带		条	2	
9	脚扣		副	2	
10	绝缘电阻表	2500V	块	1	
11	个人工具		套	3	
12	钢锯弓子		把	1	
13	警告牌、安全围栏			若干	
14	机械压钳及压模		套	1	
15	断线钳	1 号	把	1	
16	钢卷尺	3m	个	1	
17	手锤		个	1	
18	挂钩滑轮		个	1	
19	钢丝绳扣		条	1	

（2）更换隔离开关所需材料见表 3－22。

表 3－22　　更换隔离开关所需材料

序号	名称	规格	单位	数量	备注
1	隔离开关	GW9－15/1000A	台	根据计划准备	
2	松动剂		瓶	1	
3	钢锯条		条	10	

续表

序号	名称	规格	单位	数量	备注
4	棉纱		kg	0.5	
5	铜铝接线端子	根据计划准备	个	根据计划准备	
6	绝缘自粘带		盘	1	
7	绝缘导线	根据计划准备	m	根据计划准备	
8	设备线夹	根据计划准备	个	根据计划准备	
9	隔离开关保护罩		个	3	
10	导电膏		kg	0.1	

3. 隔离开关更换前检查

（1）隔离开关出厂安装说明书、合格证、技术资料、试验报告应齐全有效。

（2）检查隔离开关支持绝缘子有无硬伤、裂纹，表面有无异常痕迹。清除表面灰垢、附着物及不应有的涂料。

（3）检查隔离开关合、分闸是否灵活，合上后触点接触应良好。弹簧片弹性正常。

（4）用 2500V 绝缘电阻表测量隔离开关支持绝缘子绝缘电阻，其阻值不得小于 500MΩ。

4. 作业条件

隔离开关更换工作系室外电杆上进行的作业项目，要求天气良好，无雷雨，风力不超过 6 级。

（三）操作步骤及质量标准

更换隔离开关的工作流程如图 3－31 所示。

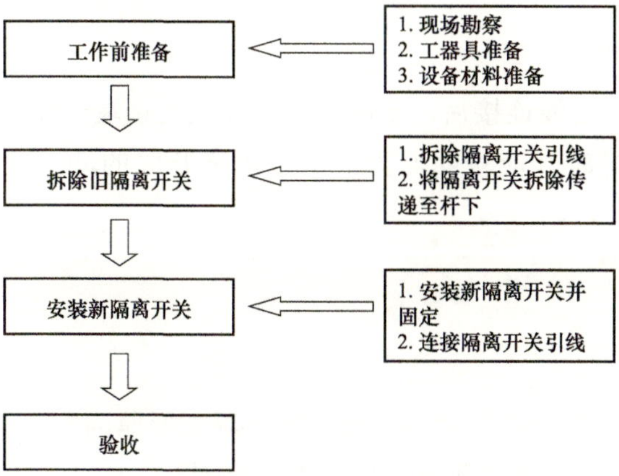

图 3－31　更换隔离开关的工作流程

1. 拆除旧隔离开关

（1）登杆前，检查杆根并确认无异常，并做好安全措施。

（2）拆除隔离开关端子的护罩及引线。

（3）拆除隔离开关，用循环绳送至杆下。

2. 安装新隔离开关

（1）地面人员用循环绳绑牢隔离开关并缓缓拉上杆，在向上拉的过程中防止隔离开关与电杆相碰而损坏绝缘子及其他部件。

（2）安装隔离开关并固定牢靠。

（3）连接隔离开关引线。铜铝连接应有可靠的过渡措施。

（4）安装隔离开关连接端子绝缘防护罩。

3. 验收质量标准

（1）隔离开关应安装牢固；本体应与安装横担垂直，不得歪斜；动、静触头在一条直线上。

（2）隔离开关和引线排列整齐。相间距离不小于500mm。

（3）隔离开关动触头连接负荷侧，静触头连接电源侧。

（4）操动机构、传动部分应灵活无卡涩现象，分、合闸操作灵活可靠，动触头与静触头压力正常，接触良好。

（5）引线连接宜采用双孔设备线夹或双孔接线端子。引线型号不小于主导线。

（6）动触头与静触头处应涂导电膏。

4. 清理现场

作业结束后，工作负责人依据施工验收规范对施工工艺、质量进行自查验收。合格后，清理施工现场，整理工具、材料，办理工作终结手续。

（四）注意事项

（1）隔离开关引线连接后，不应使隔离开关连接端子受力。

（2）合闸困难时，应查明原因，调整隔离开关的动、静触头，不得强行操作。

习　题

1. 简答：柱上真空断路器本体真空度下降主要原因？

2. 简答：SF_6断路器气压下降低的主要原因？

3. 简答：柱上断路器发生“拒跳”时如何处理？

4. 简答：安装前断路器应检查哪些项目？

5. 简答：断路器的主要作用是什么？

第四节　配电附属设施检修

学习目标

1. 掌握配电“三遥”设备、配电箱式变电站、配电站室电气设备以及附属设施的常规维护与检修方法

2. 能胜任配电站室设备常规维护与检修工作

知识点

一、配电“三遥”设备常规维护与检修

（一）配电自动化终端缺陷类别

1. 自动化装置

（1）严重缺陷：

1）电压或电流回路故障引起相间短路。

2）交直流电源异常。

3）指示灯信号异常。

4）通信异常，无法上传数据。

5）装置故障引起遥测、遥信信息异常。

（2）一般缺陷：设备表面有污秽，外壳破损。

2. 辅助设施

（1）严重缺陷：端子排接线部分接触不良。

（2）一般缺陷：

1）标识不清晰。

2）电缆进出口未封堵或封堵物脱落。

3）柜门无法正常关闭。

4）设备无可靠接地。

（二）现场标准化作业相关要求

1. 配电自动化二次设备名称标识规范

（1）二次屏柜标识要求。

1）内容：参照二次设备命名规范执行，屏柜名称应能体现出屏柜内装置类型及功能。

2）尺寸：长度与门楣宽度相同，宽度60mm。

3）色号：白底红框红字，字体为黑体。

4）材质：不干胶工业贴纸。

5）位置：屏柜前后顶部门楣处。

（2）二次压板标识要求。

1）内容：参照二次设备命名规范执行，压板名称牌标识应能明确反映出该压板的功能。

2）尺寸：30×10mm，可根据安装处实际尺寸确定。

3）色号：出口压板为红底白字，功能压板为黄底黑字，遥控压板为蓝底白字，备用白底黑字，字体为黑体。

4）材质：标签机打印、有机塑料板或工业贴纸。

5）位置：压板连片上或压板连片正下方5mm处。

（3）二次空开、切换开关标识要求。

1）内容：参照二次设备命名规范执行，空开名称牌标识应明确反映出该空开的功能。

2）尺寸：可根据安装处实际尺寸确定。

3）色号：交流空开及切换开关为白底黑字，直流空开为黄底黑字，字体为黑体。

4）材质：标签机打印、有机塑料板或工业贴纸。

5）位置：空开名称指示牌安装于空开正下方5mm处或空开正上方（可视现场具体情况而定）；切换开关位置指示安装于切换手柄正上方引线5mm处，切换开关名称指示牌安装于切换开关正下方5mm处。

2. DTU等异常、缺陷、定值维护

（1）上级主站通信、校时检测。与上级主站通信主站发召唤遥信、遥测和遥控命令后，DTU应正确响应，主站应显示遥信状态、召测到遥测数据，DTU应正确执行遥控操作；主站发校时命令，DTU显示的时钟应与主站时

钟一致。

（2）断路器位置信号异常与检查。检查状态指示；检测 DTU 的状态量输入端连接到实际开关信号回路，主站显示的各开关的开、合状态应与实际开关的开、合状态一一对应；确认 DTU 状态信息是否正确、完整。

（3）遥控投入/解除信号异常与检查。检查状态指示；检测就地向 DTU 发开/合控制命令，控制执行指示应与选择的控制对象一致，选择/返校过程正确，实际开关应正确执行合闸/跳闸；主站向 DTU 发开/合控制命令，控制执行指示应与选择的控制对象一致，选择/返校过程正确，实际开关应正确执行合闸/跳闸；确认 DTU 状态信息是否正确、完整。

（4）SF_6气体异常警告。检查指示信号是否异常，如指示信号异常，检查气压表是在闭锁区域范围还是在告警区域范围。

（5）速断、过电流、重合闸、零序电流动作信号。检查状态指示；通过 DTU 设置故障电流整定值后，用三相功率源输出大于故障电流整定值的模拟故障电流，DTU 产生相应的事件记录，并将该事件记录即刻上报主站判断故障动作信号正确与否；确认 DTU 控制信息是否正确、完整。

（6）中压母线Ⅰ段（Ⅱ段）线电压，中压母线三相电流，馈线单相电流、零序电流。检查状态指示；通过程控三相功率源向 DTU 输出电压、电流，主站显示的电压、电流、有功功率、无功功率、功率因数的准确度等级应满足规程要求；DTU 的电压、电流输入端口直接连接到二次 TV/TA 回路时，主站显示的电压、电流值应与实际电压、电流值一致；用三相程控功率源向 DTU 输出三相不平衡电流，DTU 产生相应的三相不平衡告警及记录，主站召测后应显示告警状态、发生时间及相应的三相不平衡电流值；确认 DTU 模拟量信息是否正确、完整。

（7）保护定值调整与检查。定值的当地及远方修改整定；当地参数设置，DTU 当地设置限值、整定值等参数；远方参数设置，主站通过通信设备向 DTU 发限值、整定值等参数后，DTU 的限值、整定值等参数应与主站设置值一致。

（8）当地功能检查。DTU 在进行上述检查与维护时，运行、通信、遥信等状态指示应正确一致；确认 DTU 控制参数、告警信息、状态信息是否正确、完整。

3. 配电自动化终端安全防护—加密管理

（1）配电终端设备应配置安全模块，对来源于主站系统的控制命令和参数设置指令应采取安全鉴别和数据完整性验证措施，以防范冒充主站对配电终端进行攻击。

（2）配电终端设备应配置启动和停止远程命令执行的硬压板和软压板。

（3）配电网自动化系统应该支持基于非对称密钥技术的单向认证功能，主站下发的遥控命令应带有基于调度证书的数字签名，子站侧或终端侧应能够鉴别主站的数字签名。

（4）配电终端不符合安全防护要求的应进行安全改造，安装基于公钥技术的分布式电力调度数字证书，实现配电终端对主站的身份鉴别和抗重放攻击功能。

（5）对于未完成安全改造的配电终端，应禁止执行远程控制和参数设置指令。

二、配电箱式变电站常规维护与检修

（一）配电箱式变电站的运行要求

（1）配电箱式变电站应放置在较高处，不能放在低洼处，以免雨水灌入箱内影响设备运行。浇筑混凝土平台时要在高低压侧留有空档，便于电缆进出线的敷设。开挖地基时，如遇垃圾或腐蚀土堆积而成的地面，必须挖到实土，然后回填较好的土质夯实，再填三合土或道踏，确保基础稳固。

（2）配电箱式变电站接地和接零共用一个接地网。接地网一般采用在基础四角打接地桩，然后连为整体。配电箱式变电站与接地网必须有两处可靠连接。运行后，应经常检查接地连接，不松动，不锈蚀。定期测量接地电阻，不大于4Ω。

（3）配电箱式变电站周围不能堆放杂物，尤其是变压器室门，还应经常清除百叶窗通风孔，确保设备不超过最大允许温度。

（4）低压断路器跳闸后，应查明原因方可送电，防止事故扩大。

（5）配电箱式变电站高压室应装设氧化锌避雷器，装设方式应便于试验及更换。

（6）高压室中环网开关、变压器、避雷器等设备应定期巡视维护，及时发现缺陷并及时处理，定期进行绝缘预防性试验。超过 3 个月停用，再投运时应进行全项目预防性试验。

（二）配电箱式变电站状态检修试验

1. 巡检项目

配电箱式变电站巡检项目见表 3－23。

表 3-23　　配电箱式变电站巡检项目

项目	周期	要求	说明
外观检查	1 个季度	（1）变压器外观无异常，油位正常，无渗漏油，测温装置正常，无异常声响及振动； （2）开关柜无异常放电声音，无异味，设备无凝露，带电显示器显示正常，高压开关防误闭锁完好，柜门关闭正常，油漆无剥落； （3）箱体无锈蚀、变形，高低压开关柜出线孔洞封堵良好； （4）室内外清洁，无可能威胁安全运行、阻碍检修通道的杂草、藤蔓、灌木类植物生长； （5）一次接线图与现场一致； （6）标识牌和设备名称正确； （7）围栏、门锁齐全，无隐患	
基础检查		（1）设备基础无下沉、开裂； （2）井盖无丢失、破损，井内无积水、杂物，基础无破损、沉降，进出管沟封堵良好，防小动物设施完好	
气体压力值	1 个季度	气体压力表指示正常	
辅助设施		通风、防火、照明、除湿、排水、常用工器具等辅助设备设施完好齐备，工作正常	
操动机构状态检查		操动机构合、分指示正确	
仪器仪表检查		显示正常	
接地装置检查		接地装置正常、完整	
电源设备检查		（1）交直流电源、蓄电池电压、浮充电流正常； （2）蓄电池等设备外观正常，接头无锈蚀，无渗液、老化、状态显示正常； （3）机箱无锈蚀和缺损	有电源设备时进行
超声波局部放电测试和暂态地电压测试	特备重要设备 6 个月，重要设备 1 年，一般设备 2 年	无异常放电	采用超声波、地电波局部放电检测等先进的技术进行
接地电阻测试	1）首次：投运后 3 年 2）其他：6 年 3）大修后	（1）不大于 4Ω； （2）不大于初值的 1.3 倍	
红外测温	1）每年 2 次 2）必要时	高压开关、变压器箱体、套管、桩头、低压母排及电缆等温升、温差无异常	判断时应考虑测量时负荷电流的变化情况
负荷测试	特别重要箱式变电站 1～3 个月 1 次，一般箱式变电站 3～6 个月一次	（1）最大负载不超过额定值； （2）不平衡率：Yyn0 接线不大于 15%，零线电流不大于变压器额定电流 25%；Dyn11 接线不大于 25%，零线电流不大于变压器额定电流 40%	可用用电信息采集系统等在线监测手段进行设备负荷监测

2. 例行试验项目

配电箱式变电站例行试验项目见表 3－24。

表 3－24 配电箱式变电站例行试验项目

<table>
<tr><th>项目</th><th>周期</th><th>要求</th><th>说明</th></tr>
<tr><td>变压器绕组及套管绝缘电阻测试</td><td rowspan="4">特别重要箱式变电站 6 年，重要箱式变电站 10 年，一般箱式变电站必要时</td><td>初值差不小于－30%</td><td></td></tr>
<tr><td>变压器绕组直流电阻测试</td><td>1600kVA 及以下的变压器，各相绕组电阻相互间的差别不应大于三相平均值的 2%，无中性点引出的绕组，线间差别不应大于三相平均值的 1%</td><td>（1）测量结果换算到 75℃，温度换算公式为 $R_2=R_1\left(\frac{T_k+t_2}{T_k+t_1}\right)$，$R_1$、$R_2$ 分别表示油温度为 t_1、t_2 时电阻；T_k 为常数，铜绕组为 235，铝绕组为 225。
（2）分接开关调整后开展</td></tr>
<tr><td>变压器非电量保护装置绝缘电阻测试</td><td>绝缘电阻不低于 1MΩ</td><td>采用 2500V 兆欧表测量</td></tr>
<tr><td>绝缘油耐压测试</td><td>不小于 25kV</td><td>不含变压器为全密封的箱式变电站</td></tr>
<tr><td>绝缘电阻测量</td><td rowspan="2">特别重要设备 6 年，重要设备 10 年，一般设备必要时</td><td>（1）20℃时开关本体绝缘电阻不低于 300MΩ；
（2）20℃金属氧化物避雷器、TV、TA 一次绝缘电阻不低于 1000MΩ，二次绝缘电阻不低于 10MΩ；
（3）在交流耐压前、后分别进行绝缘电阻测量</td><td>一次采用 2500V 兆欧表，二次采用 1000V 兆欧表</td></tr>
<tr><td>主回路电阻测量</td><td>≤出厂值 1.5 倍（注意值）</td><td></td></tr>
<tr><td>交流耐压测试</td><td rowspan="3">特别重要设备 6 年，重要设备 10 年，一般设备必要时</td><td>（1）断路器试验电压值按 DL/T 593 规定；
（2）TA、TV（全绝缘）一次绕组试验电压值按出厂值的 85%，出厂值不明的按 30kV 进行试验；
（3）当断路器、TA、TV 一起耐压试验时按最低试验电压进行</td><td>试验电压施加方式：合闸时各相对地及相间，分闸时各断口</td></tr>
<tr><td>控制、测量等二次回路绝缘电阻</td><td>绝缘电阻一般不低于 2MΩ</td><td>采用 1000V 兆欧表</td></tr>
<tr><td>连跳、“五防”装置检查</td><td>符合设备技术文件和五防要求</td><td></td></tr>
</table>

续表

项目	周期	要求	说明
动作特性及操动机构检查和测试	特别重要设备 6 年，重要设备 10 年，一般设备必要时	（1）合闸在额定电压的 85%～110%范围内应可靠动作，分闸在额定电压的 65%～110%范围内应可靠动作，当低于额定电压的 30%时，脱扣器不应脱扣； （2）储能电机工作电流及储能时间检测，检测结果应符合设备技术文件要求。电机应能在 85%～110%的额定电压下可靠工作； （3）直流电阻结果应符合设备技术文件要求或初值差不超过±5%； （4）开关分合闸时间、速度、同期、弹跳符合设备技术文件要求	采用一次加压法，A、B 类检修后开展（相关内容有电操动机构时进行）

3. 诊断性试验项目

配电箱式变电站诊断性试验项目见表 3－25。

表 3－25　　配电箱式变电站诊断性试验项目

项目	要求	说明
绕组各分接位置电压比	初值差不超过±0.5%（额定分接位置）、±1%（其他分接位置）	
空载电流及损耗测量	（1）与上次测量结果相比，不应有明显差异； （2）两个边相空载电流差异不超过 10%	（1）试验电压值应尽可能接近额定电压； （2）试验的电压和接线应与上次接线保持一致； （3）空载损耗无明显变化
交流耐压试验	油浸式变压器采用 30kV 进行试验，干式变压器按出厂试验值的 85%进行	按 DL/T 596 有关条款进行

（三）配电箱式变电站的缺陷

配电箱式变电站缺陷管理的目的是为了掌握箱式变电站存在的问题，以便按轻、重、缓、急消除缺陷，提高箱式变电站的健康水平，保障设备的安全运行。对箱式变电站缺陷进行全面分析，总结变化规律，为箱式变电站大修、更新改造提供详实的依据。

1. 危急缺陷

（1）配电箱式变电站变压器及设备部分：

1）充油设备喷油；设备内部有明显的放电声或异音。

2）充油设备严重漏油，从油位指示器中看不到油位。

3）真空开关的真空泡失去光泽、发红。

4）SF_6 设备漏气，压力表指示小于厂家规定值。

5）断路器故障掉闸次数达到规定的允许次数。

6）断路器不能进行分、合闸操作。

7）隔离开关不能进行分、合闸操作。

8）电压互感器二次回路失压，电流互感器二次回路开路。

9）直流接地；操作（控制）电源不可靠或能源不足。

10）瓷质纵向裂纹达瓷质部分总长度的 20%。

11）套管流胶、电容器类设备漏油。

12）设备接头发热烧红、变色。

13）箱体漏雨，水滴在电气设备上。

14）设备的保护不能运行。

15）信号装置不发信或不正确发信。

16）重要的遥测、遥信量不正确；遥控、遥调失灵。

17）设备的绝缘、温升、强度等技术数据超过极限值。

（2）配电箱式变电站进线部分：

1）电缆线路护套破损，已伤及主绝缘。电缆绝缘下降，超出标准值。

2）端头连接点发热变色，温度超过允许值。

3）导体上有金属性异物，极易造成接地或短路。

4）电缆沟被外力破坏，已伤及电缆。

2. 严重缺陷

（1）配电箱式变电站变压器及设备部分：

1）注油设备漏油（5min 内有油珠垂滴）。

2）接头发热化蜡且有蜡滴，确认不再发展。

3）裸导体设备温升大于 50K。

4）设备内部发热，外壳温升大于 20K（断路器、TV、TA、电力电容器、套管）。

5）绝缘试验超标准。

6）不能按铭牌出力运行。

7）接地电阻不合格。

8）继电保护异常，不能正确动作。

9）设备试验超周期且无批准手续。

10）带电设备之间或对地间隙距离小于规程规定，未采取绝缘遮蔽隔离措施。

（2）配电箱式变电站电缆进线部分：

1）电缆线路护套严重破损，但尚未伤及主绝缘。电缆绝缘下降，未超出运行允许值。

2）端头连接点发热变色，但温度未超过运行允许值。

3）导体上有异物、受潮后易造成接地或短路。

4）电缆沟外力破坏轻微，但有继续发展的趋势。

3. 一般缺陷

凡不符合箱式变电站有关技术标准规定，尚能坚持运行的箱式变电站设备缺陷。或对设备运行虽有影响，目前对安全运行无直接威胁，但如长期不处理，则有可能发展成严重缺陷的，均属于箱式变电站的一般缺陷。

三、配电站室电气设备常规维护与检修

（一）《电力安全工作规程（配电部分）》相关规定

（1）配电站、开闭所的环网柜应在没有负荷的状态下更换熔断器。

（2）环网柜应在停电、验电、合上接地刀闸后，方可打开柜门。

（3）环网柜部分停电工作，若进线柜线路侧有电，进线柜应设遮栏，悬挂“止步，高压危险！”标示牌；在进线柜负荷开关的操作把手插入口加锁，并悬挂“禁止合闸，有人工作！”标示牌；在进线柜接地刀闸的操作把手插入口加锁。

（4）配电站的变压器室内工作时，人体与高压设备带电部分应保持安全距离。

（5）配电变压器柜的柜门应有防误入带电间隔的措施，新设备应安装防误入带电间隔闭锁装置。

（6）在带电设备周围使用工器具及搬动梯子、管子等长物，应满足安全距离要求。在带电设备周围禁止使用钢卷尺、皮卷尺和线尺（夹有金属丝者）进行测量。

（7）在配电站或高压室内搬动梯子、管子等长物，应放倒，由两人搬运，并与带电部分保持足够的安全距离。在配电站的带电区域内或邻近带电线路处，禁止使用金属梯子。

（二）开关站（开闭所）缺陷的分类及处理措施

1. 开关站（开闭所）缺陷的分类

（1）危急缺陷：

1）断路器不能进行分、合闸操作。

2）隔离开关不能进行分、合闸操作。

3）断路器故障跳闸次数超过规定的允许次数。

4）继电保护及自动装置不能正确动作。

5）电压互感器二次回路失压，电流互感器二次回路开路。

6）充油设备大量喷油；套管流胶、电容器类设备漏油。

7）设备接头发热烧红、变色。

8）瓷质部分纵向裂纹达总长度的20%。

9）直流接地、操作（控制）电源不可靠或能源不足。

10）液压机构油泵频繁启动，打压间隔时间小于10min，连续5次及以上者。

11）房屋漏雨，水滴在电气设备上。

12）中央信号装置不发信或不正确发信。

13）重要的遥测、遥信量不正确；遥控、遥调失灵。

14）设备内部有明显的放电声或异音。

15）设备的绝缘、温升、强度等技术数据超过极限值。

16）真空开关的真空泡失去光泽、发红。

17）SF_6设备漏气，压力表指示小于厂家规定值。

（2）严重缺陷：

1）注油设备漏油（5min内有油珠垂滴）。

2）接头发热化蜡且有蜡滴，确认不再发展。

3）裸导体设备温升大于50K。

4）设备内部发热，外壳温升大于20K（断路器、TV、TA、耦合电容器、电力电容器、套管）。

5）绝缘试验超标准。

6）接地电阻不合格。

7）工作、保护接地失效，变电设备架构、避雷针结合部开裂或倾斜。

8）液压机构油泵电动机启动间隔时间小于4h，机构频繁打压。

9）故障录波器不能录波。

10）保护异常不能投运。

11）设备试验超周期且无批准手续。

12）带电设备之间或对地间隙距离小于规程规定，未采取措施。

（3）一般缺陷：凡不符合有关技术标准规定，虽目前对开闭所安全运行无直接威胁，但如长期不处理，则有可能发展成重大缺陷的设备。

2. 开关站（开闭所）缺陷的上报和处理

（1）缺陷处理的一般流程：发现缺陷→登记缺陷记录→填写缺陷单→审核并上报→缺陷汇总→列入工作计划→检修（运行人员处理）→消缺反馈→资料保存。

（2）运行部门要及时掌握主要设备危急和严重缺陷。每年对设备缺陷进行综合分析，根据缺陷产生的规律，提出年度反事故措施，报上级主管部门。在运行班组的定期巡检或检修中发现 10kV 开闭所的设备缺陷，由运行班组认真记录开闭所的设备缺陷，并填报设备缺陷处理单报运行主管部门。缺陷处理完毕后由运行班组（或专业技术人员）负责验收，并及时填写设备消缺记录。

3. 开关站（开闭所）故障处理

10kV××开关站发生母线故障，该所是单母线接线，有一进二出 10kV 线路，则应将母线故障情况汇报配调，断开负荷侧开关，将母线停役，待母线故障处理完毕后，汇报配调，再行恢复供电。

四、配电站室附属设施常规维护与检修

1. 附属设施的定义

附属设施主要指为保证配电站室安全稳定运行而配备的消防、安防、工业视频、通风、制冷、采暖、除湿、给排水系统、照明系统等辅助系统电缆锈蚀程度、牢固程度、设备标识和警示标识安装高度、双重命名等，开关柜接地引下线和接地体连接、埋深情况、截面积、锈蚀程度、接地电阻值、带电显示器、仪表指示。

2. 维护与检修

运维人员应根据运维计划要求，定期进行辅助设施维护、试验及轮换工作，发现问题及时处理。

3. 工艺质量检查

（1）检查电缆管道是否变形、破损、盖板是否完整，排水防水情况，电缆布置、固定、支架、防腐、防火、间距、标桩、标示牌、接地、隧道通风照明是否完好。

（2）检查开关柜接地引下线和接地体连接、埋深情况、截面积、锈蚀程度、接地电阻值、带电显示器、仪表指示是否完好。

五、注意事项

运维班应结合本地区气象、环境、设备情况增加辅助设施检查维护工作频次。

习　题

1. 简答：简述配电自动化终端缺陷类别。
2. 简答：配电箱式变电站的危急缺陷主要有哪些？
3. 简答：开关站危急缺陷有哪些？

第四章

配电网新技术

第一节　配电网分布式并网监控新技术

学习目标

1. 掌握配电网分布式电源简介
2. 掌握分布式电源并网继电保护特性
3. 掌握分布式电源远程监控功能
4. 掌握分布式电源并网检测应用

知识点

一、分布式电源简介

1. 分布式电源定义

配电网分布式电源是指接入 35kV 及以下电压等级配电网、位于用户附近、在 35kV 及以下电压等级以就地消纳为主的电源，包括同步发电机、异步发电机、变流器等类型的电源。分布式电源包括太阳能、天然气、生物质能、风能、水能、氢能、地热能、海洋能、资源综合利用发电（含煤矿瓦斯发电）和储能等类型。

2. 电能质量要求

（1）分布式电源接入公共连接点的谐波注入电流应符合 GB/T 14549 中相

关规定。

（2）分布式电源接入后，所接入公共连接点的间谐波应符合 GB/T 24337 中相关规定。

（3）分布式电源接入后，所接入公共连接点的电压偏差应符合 GB/T 12325 中相关规定。

（4）分布式电源接入后，所接入公共连接点的电压波动和闪变值应符合 GB/T 12326 中相关规定。

（5）分布式电源接入后，所接入公共连接点的电压不平衡度应符合 GB/T 15543 中相关规定。

3. 运行信息

分布式电源实时数据可定期主动上送，上送周期可远程设置。上行信息可由能源互联网平台选择，包括但不限于：

（1）并网点电压、电流、相位、频率、有功功率、无功功率、有功电量、无功电量及电能质量等数据。

（2）分布式电源的有功功率、无功功率和功率因数。

（3）发电状态、断开状态、故障与告警状态、检修状态等分布式电源的运行状态。

（4）故障和告警信息。

（5）必要的故障录波数据。

（6）分布式能源预测数据。

（7）远程可视化数据。

二、分布式电源并网继电保护

1. 总体要求

（1）分布式电源侧应具有在配电网故障及恢复过程中的自保护能力。

（2）分布式电源的接地方式应与配电网侧的接地方式相适应，并应满足继电保护配合的要求。

（3）变流器型分布式电源应具备快速检测孤岛且断开与配电网连接的能力，防孤岛保护动作时间应与配电网侧备自投、重合闸动作时间配合，应符合 GB/T 19939、GB/T 20046 和 NB/T 32015 中相关规定。

（4）分布式电源切除时间应符合线路保护、重合闸、备自投等配合要求，以避免非同期合闸。

（5）变流器型分布式电源的系统电压响应、频率异常响应应符合 GB/T

19939、GB/T 20046、GB/T 29319 中相关规定。

（6）旋转电机型分布式电源的继电保护配置及整定应符合 GB/T 14285 中相关规定。

（7）分布式电源接入 10kV 配电网，并网点开断设备应采用易操作、可闭锁、具有明显开断点、带接地功能、可开断故障电流的断路器；分布式电源接入 380V 配电网，并网点开断设备应采用易操作、具有明显开断指示、可开断故障电流的并网开关。

（8）继电保护和安全自动装置的新产品，应按国家规定的要求和程序进行检测或鉴定，合格后，方可推广使用。设计、运行单位应积极创造条件支持新产品的试用。

2. 并网/离网控制

（1）接入配电网的分布式电源，其并网/离网应按照并网调度等相关协议执行。

（2）分布式电源首次并网以及其主要设备检修或更换后重新并网时，应并网调试和验收合格后方可并网。

（3）分布式电源并网时，应监测当前配电网频率、电压等配电网运行信息，当配电网频率、电压偏差超出 GB/T 15945 和 GB/T 12325 规定的正常运行范围时，分布式电源不得并网；并网操作时，分布式电源向配电网输送功率的变化率不应超过配电网所设定的最大功率变化率，且不应引起分布式电源公共连接点的电压波动和闪变、谐波超过 GB/T 12326 和 GB/T 14549 规定的正常值范围。

（4）配电网发生故障恢复正常运行后，接入 10kV 配电网的分布式电源，在配电网调度机构发出指令后方可依次并网；接入 220/380V 配电网的分布式电源，在配电网恢复正常运行后应延时并网，并网延时设定值应大于 20s。

（5）配电网正常运行情况下，分布式电源计划离网时，宜逐级减少发电功率，发电功率变化率应符合配电网调度机构批准的运行方案。

（6）并网运行过程中，分布式电源出现故障或异常情况时，分布式电源应停运；条件允许的情况下，分布式电源应逐级减少与配电网的交换功率，直至断开与配电网的连接。

（7）配电网出现异常情况时，分布式电源的运行控制应满足 GB/T 33593 的要求。

（8）在非计划孤岛情况下，并网分布式电源离网时间应满足 GB/T 33593 的要求，其动作时间应小于配电网侧重合闸的动作时间。

（9）接入 10kV 配电网的分布式电源，检修计划应上报配电网调度机构，并应服从配电网调度机构的统一安排。

（10）分布式电源停运或涉网设备故障时，应及时记录并通知所接入配电网管理部门。

3. 有功功率控制

（1）接入 10kV 配电网的分布式电源，应具备有功功率控制能力，当需要同时调节输出有功功率和无功功率时，在并网点电压偏差符合 GB/T 12325 规定的前提下，宜优先保障有功功率输出。

（2）不向公用配电网输送电量的分布式电源，由分布式电源运营管理方自行控制其有功功率。

（3）接入 10kV 配电网的分布式电源，若向公用配电网输送电量，则应具有控制输出有功功率变化的能力，其最大输出功率和最大功率变化率应符合配电网调度机构批准的运行方案；同时应具备执行配电网调度机构指令的能力，能够通过执行配电网调度机构指令进行功率调节；紧急情况下，配电网调度机构可直接限制分布式电源向公共配电网输送的有功功率。

（4）接入 380V 配电网低压母线的分布式电源，若向公用配电网输送电量，则应具备接受配电网调度指令进行输出有功功率控制的能力。

（5）接入 220V 配电网的分布式电源，可不参与配电网有功功率调节。

4. 无功电压调节

（1）分布式电源无功电压控制宜具备支持定功率因数控制、定无功功率控制、无功电压下垂控制等功能。

（2）接入 10kV 配电网的分布式电源，应具备无功电压调节能力，可以采用调节分布式电源无功功率、调节无功补偿设备投入量以及调整电源变压器变比等方式，其配置容量和电压调节方式应符合 NB/T 32015 的要求。

（3）接入 380V 配电网的分布式电源，并网点处功率因数应满足以下要求：

1）以同步发电机形式接入配电网的分布式电源，并网点处功率因数在 0.95（超前）～0.95（滞后）范围内应可调。

2）以感应发电机形式接入配电网的分布式电源，并网点处功率因数在 0.98（超前）～0.98（滞后）范围内应可调。

3）经变流器接入配电网的分布式电源，并网点处功率因数在 0.95（超前）～0.95（滞后）范围内应可调。

（4）接入 10kV 配电网的分布式电源，并网点处功率因数和电压调节能力应满足以下要求：

1）以同步发电机形式接入配电网的分布式电源，应具备保证并网点处功率因数在 0.95（超前）～0.95（滞后）范围内连续可调的能力，并可参与并网点的电压调节。

2）以感应发电机形式接入配电网的分布式电源，应具备保证并网点处功率因数在 0.98（超前）～0.98（滞后）范围自动调节的能力；有特殊要求时，可做适当调整以稳定电压水平。

3）经变流器接入配电网的分布式电源，应具备保证并网点处功率因数在 0.98（超前）～0.98（滞后）范围内连续可调的能力；有特殊要求时，可做适当调整以稳定电压水平。在其无功输出范围内，应具备根据并网点电压水平调节无功输出、参与配电网电压调节的能力，其调节方式和参考电压、电压调差率等参数可由配电网调度机构设定。

（5）接入 10kV 用户内部配电网且不向公用配电网输送电能的分布式电源，宜具备无功控制功能；分布式电源运营管理方宜根据无功就地平衡和保障电压合格率原则，控制无功功率和并网点电压。

（6）接入 10kV 用户内部配电网且向公用配电网输送电能的分布式电源，宜具备无功电压控制功能。分布式电源在满足其无功输出范围和公共连接点功率因数限制的条件下，进行其并网点功率因数和电压的控制；同时，宜接受配电网调度机构无功指令，其调节方式、参考电压、电压调差率、功率因数等参数执行调度协议的规定。

（7）接入 10kV 公共配电网的分布式电源，应在其无功输出范围内参与配电网无功电压调节，应具备接受配电网调度机构无功电压控制指令的功能。在满足分布式电源无功输出范围和并网点电压合格的条件下，配电网调度机构按照调度协议对分布式电源进行无功电压控制。

5. 分布式电源接入 380V 配电网时的继电保护配置及技术要求

（1）分布式电源经专线或 T 接接入 380V 配电网的典型接线，用户侧低压进线开关及分布式电源出口处开关应具备短路延时、长时保护功能和分励脱扣、欠压脱扣功能。

（2）用户侧低压进线开关及分布式电源出口处开关配置的继电保护应符合以下要求：

1）继电保护定值中涉及的电流、电压、时间等定值应符合 GB 50054 的要求。

2）必要时，配置的相关继电保护应符合配电网侧的配电低压总开关处配置保护的配合要求，且应与用户内部系统配合。

三、分布式电源远程监控

1. 总体要求

（1）监控系统应采用开放式体系结构，具备标准软件接口和良好的可扩展性。

（2）监控系统中服务器、网络交换机及通信通道宜冗余配置。

（3）监控系统应具备遥测、遥信、遥控、遥调等远动功能，应具有与配电网调度机构交换实时信息的能力。

（4）监控系统接入配电网时，应满足电力二次系统安全防护规定的要求。

（5）系统架构。监控系统主要包括主站、子站和通信网络，其中子站可以是单个光伏发电系统或多个光伏发电系统汇集而成的系统。

2. 运行适应性

（1）分布式电源并网点稳态电压在标称电压的 85%～110%时，应能正常运行。

（2）当分布式电源并网点频率在 49.5～50.2Hz 范围时，分布式电源应能正常运行。

（3）当分布式电源并网点的电压波动和闪变值满足 GB/T 12326、谐波值满足 GB/T 14549、间谐波值满足 GB/T 24337、三相电压不平衡度满足 GB/T 15543 的要求时，分布式电源应能正常运行。

3. 安全控制

（1）分布式电源的接地方式应和配电网侧的接地方式相协调，并应满足人身设备安全和继电保护配合的要求。

（2）通过 380V 电压等级并网的分布式电源，应在并网点安装易操作，具有明显开断指示、具备开断故障电流能力的开关。

（3）通过 10kV 电压等级并网的分布式电源，应在并网点安装易操作、可闭锁、具有明显开断点、带接地功能、可开断故障电流的开断设备。

4. 安全标识

（1）通过 380V 电压等级并网的分布式电源，连接电源和配电网的专用低压开关柜应有醒目标识。标识应标明“警告双电源”等提示性文字和符号。标识的形状、颜色，尺寸和高度应按照 GB 2894 的规定执行。

（2）通过 10kV 电压等级并网的分布式电源，应根据 GB 2894 的要求，在电气设备和线路附近标识“当心触电”等提示性文字和符号。

5. 防雷与接地

分布式电源的防雷和接地应符合 GB 14050 和 DL/T 621 的相关要求。

6. 继电保护与安全自动装置

（1）一般要求。分布式电源的继电保护应符合可靠性、选择性、灵敏性和速动性的要求，其技术条件应满足 GB/T 14285 和 DL/T 584 的要求。

（2）电压保护。电压保护动作时间要求见表 4-1。通过 380V 电压等级并网，以及通过 10kV 电压等级接入用户侧的分布式电源，当并网点处电压超出表 4-1 规定的电压范围时，应在对应的时间内停止向配电网线路送电。

表 4－1　　电压保护动作时间要求

并网点电压 U	要求
$U<50\%U_N$	最大分闸时间不超过 0.2s
$50\%U_N<U<85\%U_N$	最大分闸时间不超过 2.0s
$85\%U_N<U<110\%U_N$	连续运行
$110\%U_N<U<135\%U_N$	最大分闸时间不超过 2.0s
$135\%U_N\leqslant U$	最大分闸时间不超过 0.2s

注　1. U_N 为分布式电源并网点的配电网额定电压。
2. 最大分闸时间是指异常状态发生到电源停止向配电网送电时间。

四、分布式电源并网检测

1. 检测要求

（1）通过 380V 电压等级并网的分布式电源，应在并网前向配电网企业提供由具备相应资质的单位或部门出具的设备检测报告。

（2）通过 10kV 电压等级并网的分布式电源，应在并网运行后 6 个月内向配电网企业提供运行特性检测报告。

（3）分布式电源接入配电网的检测点为电源并网点，应由具有相应资质的单位或部门进行检测，并在检测前将检测方案报所接入配电网调度机构备案。

2. 检测内容

分布式电源并网检测应按照国家或有关行业对分布式电源并网运行制定的相关标准或规定进行，应包括但不仅限于以下内容：

（1）功率控制和电压调节。

（2）电能质量。

（3）运行适应性。

（4）安全与保护功能。
（5）启停对配电网的影响。

习 题

1. 填空：分布式电源包括太阳能、天然气、（　　　　）、风能、（　　　　）、氢能、（　　　　）、海洋能、资源综合利用发电（含煤矿瓦斯发电）和（　　　　）等类型。

2. 多选：分布式电源接入 10kV 配电网，并网点开断设备应采用易操作、可闭锁、具有（　　　　）的断路器。

A. 防误动作　　B. 明显开断点
C. 带接地功能　　D. 可开断故障电流

3. 单选：分布式电源首次并网以及其主要设备检修或更换后（　　　　）时，并网调试和验收合格后方可并网。

A. 重新调试　B. 申请并网　C. 重新并网　D. 申请调式

4. 简答：结合生产，接入 380V 配电网的分布式电源，并网点处功率因数应满足以下要求？

5. 简答：结合现场，分布式电源并网检测主要包括哪些内容？

第二节 柔性直流配电网技术

学习目标

1. 掌握高压直流断路器分类
2. 掌握电压源换流器功能特性
3. 掌握柔性直流配电系统现场应用

知识点

一、交、直流配电系统的演变

1. 交流配电系统向直流配电系统发展简介

（1）交流配电系统主要用于面向各类用电负荷输送和分配电能。随着可再生能源发电和储能设备的快速发展，在配电系统中将包含越来越多的分布式电源和储能设备，并形成不同规模的用户侧微电网系统。同时，供电负荷的类型日益丰富，不同用户对供电质量需求的差异也日益显著。传统的交流配电系统已难以满足不断发展的差异化供电以及大规模分布式电源接入带来的技术挑战。

（2）在交流配电系统基础上，使用电压源换流设备形成直流配电系统，一方面可以方便实现不同等级的高质量供电，以及多类型电源供电等差异化供电服务；另一方面也便于管理和控制同时接入配电系统的大量分布式电源。

（3）直流配电网的拓扑结构包括放射型、环型和两端配电等类型。通常来说，放射型网络的供电可靠性较低，但故障识别及保护控制配合等相对容易：环型网络的供电可靠性相对较高，但故障识别、保护配置和控制配合等也相对困难：两端配电网络的可靠性和控制保护难度介于放射型和环型网络之间。典型的直流配电系统结构示意图见图 4－1，该系统采用具有两个独立交流电源，实现双路电源的合环运行，并接入了不同类型的分布式电源、储能设备和交直流负荷设备，以及交流或直流微电网系统。

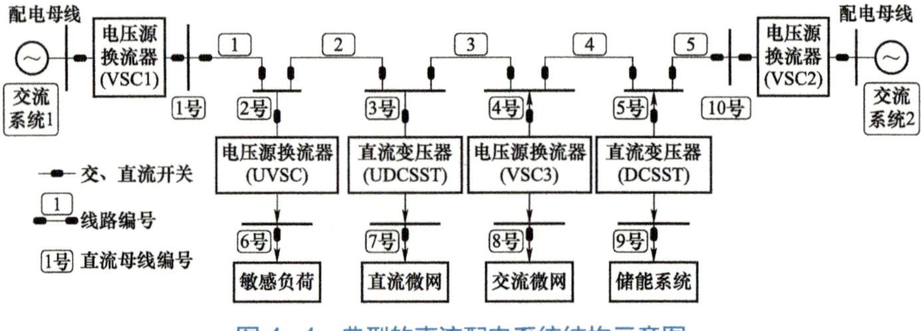

图 4－1 典型的直流配电系统结构示意图

（4）为了提高直流配电系统的控制和运行性能，直流配电系统与交流系统、负载、分布式电源和储能设备之间主要通过全控型换流设备连接。

直流配电系统可与如下典型负荷或微电网系统连接：

1）具有高可靠性和高电能质量供电需求的工商业负荷，或大容量变频用电设备。

2）包含分布式发电、储能设备和负荷的交流或直流微电网系统，由于电源输出功率和负荷曲线的非同期变化，系统具有外送功率需求。

3）以电动汽车充、换电站和数据中心为代表的大容量直流负荷。

2. 直流配电系统典型接口设备简介

直流配电系统使用的换流设备可根据使用功能划分为不同的类型，其典型接口设备见表 4–2。

表 4–2 直流配电系统典型接口设备

类别	设备	连接对象 1	连接对象 2	典型接口
第 1 类	单向 DC/AC	中压直流配电母线	交流负荷或无功率外送需求的交流微电网	UVSC
第 2 类	单向 AC/DC	中压直流配电母线	发电机等独立交流发电设备	功能包含在 VSC1、VSC2
第 3 类	双向 DC/AC	中压直流配电母线	交流配电网或有功率外送需求的交流微电网	VSC1～VSC3
第 4 类	单向 DC/DC	中压直流配电母线	直流负荷或有无功率外送需求的直流微电网	UDCSST
第 5 类	双向 DC/DC	中压直流配电母线	有功率交换需求的直流储能系统或直流微电网	DCSST

（1）第 1 类设备：用于接入交流负荷或无功率外送需求的交流微电网。直流配电网需提供网侧直流支撑电压，设备完成直/交变换，且只需具有单向功率传输能力。在接入交流负荷时，设备只需实现交流侧定电压控制；在接入交流微电网时，根据微电网的运行方式，设备需实现交流侧定电压和定频率控制。

（2）第 2 类设备：用于接入独立交流发电设备。由于交流发电机输出电压固定，设备完成交/直变换，且只需具有单向功率传输能力。根据直流配电网侧的运行方式，设备可实现直流侧定电压和定功率控制。

（3）第 3 类设备：用于连接交流配电网或有功率外送需求的交流微电网。设备需具有双向功率传输能力，可完成交/直或直/交变换。根据交直流配电系统和交流微电网的运行方式，设备需实现直流侧定电压、交流侧定电压和（双向）定频率控制。

（4）第 4 类设备：用于接入直流负荷或有无功率外送需求的直流微电网。直流配电网需提供网侧直流支撑电压，设备完成直/直变换，且只需具有单向功率传输能力。在接入直流负荷时，设备只需实现直流负荷侧定电压控制：在接入直流微电网时，根据微电网的运行方式，设备需实现直流微电网侧定电压和定功率控制。

（5）第 5 类设备：用于接入有功率交换需求的直流储能系统或直流微电网。设备需具有双向功率传输能力，可完成双向的直/直变换。根据直流配电系统、储能系统和直流微电网的运行方式，设备需实现直流配电系统侧定电压、定功率控制，直流负荷侧定电压、定功率控制。

3. 直流配电系统的电压源换流器简介

根据连接系统或设备的不同，直流配电系统的电压源换流器可分为三类：

（1）连接直流配电系统和交流配电系统（或微电网）的电压源换流器，需要具备双向的功率传输和控制能力。

（2）连接直流配电系统和交流负荷的电压源换流器，只需具备直/交变换功能。

（3）连接直流配电系统和交流电源的电压源换流器，只需实现交/直变换功能。

对于三类电压源换流器的主要功能见表 4－3。

表 4－3　三类电压源换流器的主要功能

类别	功率传输方向	连接对象		控制能力		主要功能
		直流侧	交流侧	直流侧	交流侧	
第 1 类	双向	直流配电母线	交流配电系统母线或线路	定电压、定功率控制	定电压、定频率控制	（1）直流配电系统的电压稳定；（2）交流配电系统的电压稳定；（3）交流配电系统的频率稳定
第 1 类	双向	直流配电母线	有功率外送需求的交流微电网	定功率控制	定电压、定频率控制	（1）交流微电网的电压稳定；（2）交流微电网的频率稳定；（3）交流微电网的电能质量控制
第 2 类	单向	直流配电母线	交流负荷或无功率外送需求的交流微电网	无	定电压、定频率控制	（1）交流微电网和供电系统的电压稳定；（2）交流微电网和供电系统的频率稳定；（3）交流微电网和供电系统的电能质量控制
第 3 类	单向	直流配电母线	交流发电设备	定电压、定功率控制	无	直流配电系统的电压稳定

为满足直流配电系统需求，电压源换流器应具有如下功能：

（1）具备功率双向传输能力，且功率传输方向能够快速转换；

（2）具备直流侧定电压、定功率控制能力，满足直流配电系统直流侧电压稳定控制要求；

（3）具备交流侧定电压、定频率控制能力，满足交流微电网和供电系统的电压和频率稳定控制要求；

（4）具备一定的耐受交、直流侧冲击电流和短时过载电流的能力；

（5）具备集成化的换流器控制器，能够实现控制指令的快速响应和不同控制模式的快速切换；

（6）具备必要的保护功能。

4. 电压源换流器的安装场所条件

电压源换流器安装场所应满足以下要求：

（1）安装场所无剧烈机械振动和冲击，无引起火灾、爆炸危险物质，无腐蚀、破坏绝缘的气体及导电介质，无有害气体及蒸汽。

（2）安装场所为户内时，应全封闭，带通风或空调系统。

（3）安装场所为户外时，应配备防御雨、雪、风、沙的设施。

5. 电压源换流器的接入系统条件

（1）交流系统条件。与电压源换流器连接的交流系统在满足以下条件时，电压源换流器应能正常运行：

1）电压偏差满足 GB/T 12325 要求。

2）频率偏差为－2.5～＋1.5Hz。

3）三相电压不平衡度满足 GB/T 15543 要求。

4）谐波满足 GB/T 14549 要求。

5）暂时过电压和瞬态过电压满足 GB/T 18481 要求。

（2）直流系统条件。电压偏差为 0.95（标幺值）～1.1（标幺值），电压源换流器应能正常运行。

（3）直流侧额定电流。根据电压源换流器直流额定功率、直流额定电压，以及可供选取的可关断阀器件的参数，共同确定电压源换流器的直流侧额定电流值。

目前，电压源换流器可选用的 IGBT 功率器件参数见表 4－4。

表 4－4　　IGBT 功率器件参数

电压值（V）	电流值（A）
6500	750/600/500/400/250
4500	1200/900/800
3300	1500/1200/1000/800/400/200
1700	3600/1500/1200/1000/650/600/450/300/225/200/150

二、柔性直流配电系统

直流配电系统以晶闸管等半控型电力电子元件为阀控单元。与直流配电系统相比，柔性直流配电系统（简称柔性直流系统）的优点集中表现在多端互联互供、无功功率调节、孤岛供电控制等方面。

1. 柔性直流系统用高压直流断路器的共用技术

柔性直流系统用高压直流断路器的共用技术要求是指能够关合、承载和开断直流运行电流，并能在规定的时间内关合、承载和开断异常回路条件（如短路条件）下的电流的开关装置。按照开断元件的类型，可分为机械式直流断路器、电力电子式直流断路器、混合式直流断路器。

2. 柔性直流系统用电压源换流器

柔性直流系统用电压源换流是指由采用可关断阀器件的阀及其监控设备、相关辅助设备等组成的成套换流装置。

（1）总体要求。电压源换流器应满足以下总体技术要求：

1）直流稳态电压允许偏差范围（标幺值）：0.95～1.1。

2）直流稳态电压控制精度：＜1%。

3）交流稳态电压允许偏差范围（标幺值）：0.9～1.1。

4）交流稳态电压控制精度：＜1%。

5）交流频率允许偏差范围：–2.5～＋1.5Hz。

6）谐波电流耐受能力：在额定电压、输出额定功率条件下，谐波电流叠加输出有效值不超过 0.2 倍额定电流。

（2）冗余与可靠性。

1）冗余。

a. 根据可靠性要求，基于系统总体失效率估算电压源换流器功率部件冗余度。电压源换流器功率部件的冗余度不宜小于 10%，VSC 桥臂的冗余级应不少于 1 个。

b. 为提高系统可靠性，电压源换流器控制、保护和测量系统宜采用双冗余形式。电压源换流器的冷却系统宜采用冗余设计，单一风扇或水泵（如有）停运不影响装置的正常运行。

2）可靠性。

a. 根据运行需要和设备技术水平，由生产厂家与用户共同协商确定装置年利用率和年强迫停运次数。

b. 用户可以要求生产厂家提供产品的可靠度或满足用户的可靠性目标，计算方法由生产厂家与用户协商确定。

（3）监控功能。

1）电压源换流器的控制单元应保证阀在一次系统正常或故障条件下正常工作，在任何情况下都不能因为控制系统的工作不当而造成阀的损坏。在冗余级全部损坏后，阀控制单元应能发出警报。如有更多的阀级损坏，应及时向控制保护系统发出信息来闭锁换流器。控制单元单一元件故障，不能引起系统停运。

2）阀控制单元还应具备如下监控功能：① 能够正确响应控制保护系统发出的控制命令；② 能够正确反馈换流器及阀控制单元状态信息；③ 满足系统对阀控的其他要求，如环流抑制、功率阶跃、保护换流器和电压波动等。

（4）保护功能。

1）为保护电压源换流器，通常配置如下的保护：① 交流侧过电压保护；② 交流侧过电流保护；③ 交流侧接地故障保护；④ 直流侧过电压保护；⑤ 直流侧过电流保护；⑥ 差动保护；⑦ 驱动故障保护；⑧ 冷却系统故障保护；⑨ VSC 阀级冗余保护；⑩ 冷却系统进、出水温度保护（使用水冷时）。

2）保护系统单一元件故障，不能引起系统停运。

（5）安全要求。

1）电压源换流器的使用环境不应有腐蚀性、破坏绝缘的气体及导电介质。如果使用环境中有能引起火灾和爆炸危险的介质，在电压源换流器的内部和外侧，通过使用适当的材料和元器件，以及采用合理的结构来减少引燃危险和火焰蔓延的可能。

2）装置应考虑以下防火设计：

a. 保证适度安全裕度的基础上，使用最少的电气连接。

b. 功率回路使用的非金属材料全部采用阻燃材料，非金属材料阻燃等级推荐为 UL94－V0 级别。

c. 无油化设计，功率回路中无任何带油的元器件。

3）装置的外壳防护应符合 GB 4208—2017 规定，户内型应不低于 IP20，户外型应不低于 IP54。

4）装置的接地应符合 GB 50065 的相关要求。

（6）接口。电压源换流器接口包括控制/保护接口和功率回路接口两部分。

1）控制/保护接口主要包括：① 电源接口；② 通信接口；③ 测量接口；④ 控制接口。

2）功率回路接口主要包括：① 直流侧接口；② 交流侧接口；③ 控制接口。

（7）辅助电源设备和系统要求。辅助电源主要包括交流电源、UPS 供电和直流电源三类，可以根据控制保护设备的硬件要求进行选择。辅助电源设备对于装置关键部件应采用双冗余供电方式，单一辅助电源设备掉电不应影响装置的稳定运行。

辅助电源的主要参数要求如下：

1）交流额定电压：220V/380V；交流电压偏差：±20%。

2）直流额定电压：110V/220V；直流电压偏差：－20%～＋10%。

（8）现场交接试验。现场交接试验的目的是检验是否具备投运条件，具体包括：

1）阀段或阀级在运输过程中部件无损坏或无松动。

2）水冷系统满足投运要求。

3）阀支架的绝缘能力充足。

4）电压源换流器与阀基电子设备的通信正常。

现场交接试验应按照工程设备交接试验要求，以及DL/T 1513—2016中的相关要求进行。现场交接试验项目及要求见表4－5。

表4－5 现场交接试验项目及要求

序号	项目	要求
1	外观检查	检查电压源换流器所有元件或部件无损坏或无松动
2	接线检查	检查所有主回路接线正确和牢固
3	阀支架绝缘试验	验证阀支架对交流/直流电压的绝缘性能
4	压力试验	检查冷却水路（如果有）无泄漏
5	光纤损耗测量	验证光纤损耗满足设计要求
6	阀级功能试验	检查阀级的基本功能正常，具体包括阀级内部电子电路工作正常、阀级内部的可关断阀器件能够按照指令正确开通和关断、阀级旁路开关能够按照指令正确动作、阀级与阀控制单元之间的通信正常
7	温升测量	验证满足设计要求
8	噪声测量	验证满足设计要求
9	谐波测量	验证满足设计要求

习 题

1. 简答：根据连接系统或设备的不同，直流配电系统的电压源换流器可分为哪几类？

2. 填空：柔性直流系统用高压直流断路器的共用技术是指能够（　　　　）、承载和（　　　　）直流运行电流，并能在规定的时间内关合、承载和开断异常回路条件（如短路条件）下的电流的开关装置。

3. 单选：柔性直流配电系统用电压源换流器是指由采用（　　　　）的阀及其监控设备、相关辅助设备等组成的成套换流装置。

A. 可开断元器件　　　　　　　　B. 可关断阀器件
C. 可开断阀器件　　　　　　　　D. 可关断元器件

4. 简答：结合实际，阀控制单元应具备哪些主要监控功能？

5. 简答：结合现场说明电压源换流器控制/保护接口主要包括哪些接口？功率回路接口主要包括哪些接口？

第三节　配电网无人机巡检技术

学习目标

1. 了解配电网无人机应用价值
2. 了解配电网无人机应用概况
3. 了解配电网无人机应用场景
4. 了解配电网无人机未来发展

知 识 点

一、配电网无人机应用价值

当前配电网运维的主要难点主要有以下两点：

（1）运维体量大，运维人力不足、效率低。配电网系统结构庞大，运行设备多，状态信息量大，给运行维护人员带来巨大的巡检、采集和分析配电设备运行数据的工作量；此外，在电网高可靠性的要求之下，配电线路停电检修周期长、停电时间短，要求运维人员必须在有限的时间里发现并处理好配电设备所存在的所有隐患与缺陷，且配电线路通常会有跨河、跨高速公路、铁路等情况，人工巡检较为困难，效率低下。

（2）人工巡检工作方式存在盲点与死角。配电系统多为室外架空线路，导线、绝缘子、金具与配电变压器、柱上开关等配电设备均安装在高处，正常线路巡检中的传统目测或望远镜观察以及手持红外成像仪视角均只能从地面往高处观察，不可避免就存在盲点和盲区，导致配电设备的缺陷无法及时发现而发展至故障。

配电网无人机巡检技术具备“巡得到、巡得完、巡得好”三大优点，能有效应对当前配电网运维难点。

（1）巡得到。相对人工巡检时需要寻找合适的路线来进行，配电网无人机巡检不受河流、高速公路、铁路甚至山区等地形限制，可直接按照线路走向完成巡检，一步到位。

（2）巡得完。依托于固定、移动机巢等续航技术，配电网无人机巡检效率可达人工巡检百倍，即使配电网系统结构庞大，设备量多，仍可在周期内完成巡视任务。

（3）巡得好。配电网无人机可在不停电状态下实现配电架空线路多角度观察拍摄，告别盲区盲点，大幅提升隐蔽缺陷发现率。

二、配电网无人机应用概况

（一）无人机常态化巡检

国家电网有限公司（简称国网公司）无人机发展总体思路是推动以无人机为主、人工巡检为辅的协同自主巡检模式发展，以提升无人机巡检自主作业、数据智能分析水平为抓手，建立健全无人机智能巡检作业管理体系和技术支撑体系，建设复合型运检队伍，示范引领，推进无人机巡检业务规范化、作业智能化、管控信息化、管理精益化，开创配电网无人机巡检新局面。

以国网江苏省电力有限公司（简称国网江苏电力）为例，截至 2021 年 7 月 23 日，国网江苏电力通过配电网无人机巡检模式已采集精细化 122296 基，激光雷达扫描 33509 基（数据采集约 1620 公里），正射影像通道巡检 95656 基（约 4304 公里），通过无人机手段辅助配电线路状态评价，生成配电线路诊断报告 631 份，共查找 191370 处缺陷，其中一般缺陷 170739 处、严重缺陷 20576 处、危急缺陷 55 处。（见图 4－2）

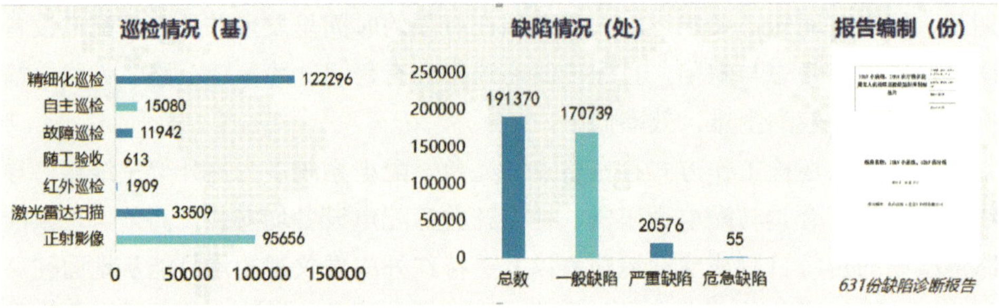

图 4－2 国网江苏电力无人机常态化巡检

（二）无人机规模化培训

目前，配电网无人机巡检作业培训以中国航空器拥有者及驾驶协会（Aircraft Owner and Pilots Association，AOPA）培训为主，辅以各电网省公司自主培训内容。其中，AOPA 等无人机作业培训以取得无人机驾驶员驾照为目的，核心内容为无人机的基本操作。经过约 30 天的培训，其视距内驾驶员的认证水平是了解无人机系统结构、法律法规要求、航空气象知识，掌握无人机基本操作等。

在此基础之上，为了使运维人员能够独立完成配电网无人机巡检的作业要求，国网公司还开展更有针对性的培训，包括掌握配电网无人机巡检工作安全规程，能独立完成通道巡检、故障巡检等，能配合完成杆塔精细化巡检和线路验收工作，熟练掌握无人机基本维护保养技能、突发情况应急处置办法以及常用型号无人机故障排除等技能；制定无人机巡检工职业技能标准，严格按照《国家职业技能标准编制技术规程（2018 版）》有关要求，“职业活动为导向，职业技能为核心”为指导思想，对无人机巡检从业人员的职业活动内容进行规范细致描述，对各等级从业者的技能水平和理论知识水平进行了明确规定。

（三）无人机集中化配置

为确保配电网无人机巡检推广效果，完善无人机装备，国网各网省公司多采取集中化为各地市公司配置无人机装备，主要配置机型有精灵 4 RTK（见图 4–3）、经纬 M300RTK（见图 4–4）等。国网江苏电力目前配置 3 种机型共计 595 架无人机以支撑各地市开展配电网无人机常态化巡检工作（见图 4–5）。

图 4–3　精灵 4 RTK

图 4–4　经纬 M300 RTK

全省无人机配置情况表				单位：架
单位	精灵 4RTK	经纬 M300RTK	手动遥控无人机	合计
南京	7	2	18	27
苏州	16	3	41	60
无锡	9	2	22	33
常州	8	2	20	30
镇江	8	2	20	30
扬州	10	3	29	42
泰州	20	6	41	67
南通	16	4	39	59
盐城	16	4	48	68
徐州	14	3	39	56
淮安	12	3	30	45
宿迁	11	3	29	43
连云港	9	2	4	35
总计	156	39	400	595

图 4–5 江苏省各地市配电网无人机配置情况

（四）无人机智能化应用

国网公司不断推动人工智能技术在无人机系统领域的融合应用，使无人机具备智能控制、整合空域和适应环境的能力，能够协同指挥控制、协同态势生成与评估、协同语意交互，同时利用智能算法对收集的语音、文字和图像等信息进行智能分析，实现人工智能与无人机的共同发展，不断提升无人机电力巡检智能水平。

国网江苏电力在前期泰州地区试点总结的基础上，组织全省专家开展配电网无人机应用研讨会，形成《国网江苏省电力有限公司配电网无人机智慧巡检管控平台建设方案》，全面启动省级配电网无人机智慧应用建设，同时考虑图传技术、自主巡检技术、通信技术的发展，继续在泰州地区保留配电网无人机智慧巡检系统市级版本，并具备持续迭代、深化应用能力。同时在泰州无人机样板间的建设模式下，结合 PMS3.0 总体架构，对配电无人机巡检模块进行业务改造、中台化改造，将地市一级部署的配电无人机巡检应用向省公司、地市两级应用演进，建立全省统一的配电无人机巡检管控平台，基于业务中台、技术中台提供的共享服务，支撑配电设备台账自动获取、巡检计划查勘管理、巡检作业任务管理、实现巡检图像智能识别、检测策略辅助制定、巡检任务下发、巡检图片存储等主体业务功能，从业务场景出发，以专业需求和问题为导向，实现业务操作便捷化、移动化，数据访问透明化，应用辅助智能化，支持配电网无人机巡检应用智能化落地（见图 4–6）。

图 4-6 配电无人机巡检应用数字化

三、配电网无人机应用场景

（一）通道巡检

配电网无人机通道巡检是采用多旋翼无人机任务设备，对配电架空线路通道以及线路周围环境采用拍摄和录像的方式进行图像信息采集。无人机处于线路正上方，按照大、小号侧顺序沿着线的方向（有分支线路先分支再主线路），可见光镜头俯视 30° 左右拍摄架空通道以及线路周围环境内照片。其架空通道拍摄照片内含有当前杆塔至下基杆塔通道内可见光图像，应能清晰完整呈现杆塔的通道情况，如建筑物、树木（毛竹）、交叉、跨越等通道情况。后期利用相应软件及人工判别得出配电线路通道的隐患所在位置与分类（见表 4-6）。

表 4-6 配电网无人机通道巡检可探知的线路隐患

<table>
<tr><td rowspan="9">通道及电力保护区（周边环境）</td><td>施工作业</td><td>线路下方或附近有危及线路安全的施工作业、作业环境和作业人员的作业规范等</td></tr>
<tr><td>火灾</td><td>线路附近有燃放烟火，有易燃、易爆物堆积等</td></tr>
<tr><td>交叉跨越变化</td><td>出现新建或改建电力、通信线路、道路、铁路、索道、管道等</td></tr>
<tr><td>防洪、排水、基础保护设施</td><td>大面积坍塌、淤堵、破损等</td></tr>
<tr><td>自然灾害</td><td>地震、冰灾、山洪、泥石流、山体滑坡等引起通道环境变化</td></tr>
<tr><td>道路、桥梁</td><td>巡线道、桥梁损坏等</td></tr>
<tr><td>污染源</td><td>出现新的污染源或污染加重等</td></tr>
<tr><td>采动影响区</td><td>出现新的采动影响区、采动区出现裂缝、塌陷对线路影响等</td></tr>
<tr><td>其他</td><td>线路附近有人放风筝、有危及线路安全的飘浮物、采石（开矿）、射击打靶、藤蔓类植物攀附杆塔</td></tr>
</table>

在此基础之上，应用无人机 GNSS 卫星定位技术对配电网线路进行建模定位后还可实现配电线路通道的自主飞行，即无人机可在规定的线路航线下自行

起飞、巡检摄影、降落、传送数据（见图 4－7），快速发现通道周边施工、地灾等隐患情况，运维人员在基地即可获得通道信息，并能立即采取相应安全防护措施减少线路发生故障的可能，大大提高巡检效率。

图 4－7　配电网无人机通道巡检中

（二）杆塔精细化巡检

杆塔精细化巡检是采用多旋翼无人机搭载可见光与红外载荷设备，以杆塔为单位，通过调整无人机位置和镜头角度，对架空线路杆塔本体、导线、绝缘子、拉线、横担金具等元件以及变压器、断路器、隔离开关等附属电气设备进行多方位图像信息采集。

开展无人机精细化巡检需要在巡检作业前一个工作日完成所用多旋翼巡检系统的检查，确认状态正常，准备好现场作业工器具以及备品备件等物资；应在通信链路畅通范围内进行巡检作业。巡检作业时，多旋翼无人机距线路设备不宜小于 3m，距周边障碍物距离不宜小于 8m，巡检飞行速度不宜大于 10m/s。无人机按照大、小号侧顺序沿线路方向飞行，无人机飞行高度宜与拍摄对象等高或不高于 2m，镜头按照先面向大号侧、杆塔顶部再小号侧顺序拍摄，先左后右，从下至上（对侧从上至下），呈倒 U 形顺序拍摄。拍摄时应以不高于 1m/s 速度接近杆塔，必要时可在杆塔附近悬停，当下端部件视角不佳或不能看清时，可适当下降高度或调整镜头角度，使镜头在稳定状态下拍照、录像，确保数据的有效性与完整性。拍摄杆塔时可与杆塔相同高度悬停，以塔头为圆心，每 90°进行拍照、录像，形成 360°全方位可见光影像；在巡检作业点进行拍照、录像作业时，无人机应保持在视距内操作。

1. 可见光精细化巡检

在无人机上搭载可见光影像设备进行可见光精细化巡检，能够在短时间内对区域性的配电网进行全方位的巡检，对于及时发现配电网人工巡检中难以查找的高处缺陷隐患有极大的帮助作用。

以柱上开关为例，目前采取 360° 环绕式采集方式，具体飞控轨迹为从面向大号侧先左后右，从下至上（对侧从上至下），先小号侧后大号侧，呈倒 U 形巡检顺序。并在柱上开关正视面、左侧面、右侧面位置进行悬停拍摄，重点保证开关引线上绝缘防护罩，互感器防护罩没有缺漏，柱上开关上没有鸟巢；保证巡检设备重要部位信息采集到位，见图 4－8。

图 4－8 柱上开关缺陷

以图 4－9～图 4－11 为例，按照精细化巡检原则，排查出人工巡检排查不到的缺陷隐患，包括跌落式熔断器缺陷缺绝缘防护罩、避雷器缺防护罩、变压器缺绝缘防护罩，对于每根线杆上存在的缺陷隐患及时有效的发现，极大的提高了巡检的效率，无需人员爬杆便可清晰查看不规范的缺陷隐患，方便快捷。

图 4－9 跌落式熔断器缺陷

图 4-10 避雷器缺陷

图 4-11 变压器缺陷

2. 红外精细化巡检

在无人机上搭载红外影像设备，能够及时发现配电网中的发热隐患、对及时处理配电网紧急缺陷有极大的帮助作用。目前，无人机红外影像技术在配电网巡检应用中取得成效。红外影像能够直观地反映出巡检对象不可见的红外线辐射的空间分布，并且通过分析巡检对象的温度变化和波长发射率，从而直观的看出配电网是否存在故障隐患（见图 4-12）。

目前常用的无人机搭载红外云台有 DJI 禅思 ZenmuseXT、DJI 禅思 ZenmuseXTS、科易 PL-640L 无人机红外热成像云台。作业现场进行红外测温时，一般建议选取双光版无人机，实时测温状态下若发现温升异常，可通过可见光相机对其拍照双重分析缺陷信息，在接头松动、导线接触不良的情况下快速定位缺陷类型（见表 4-7）。

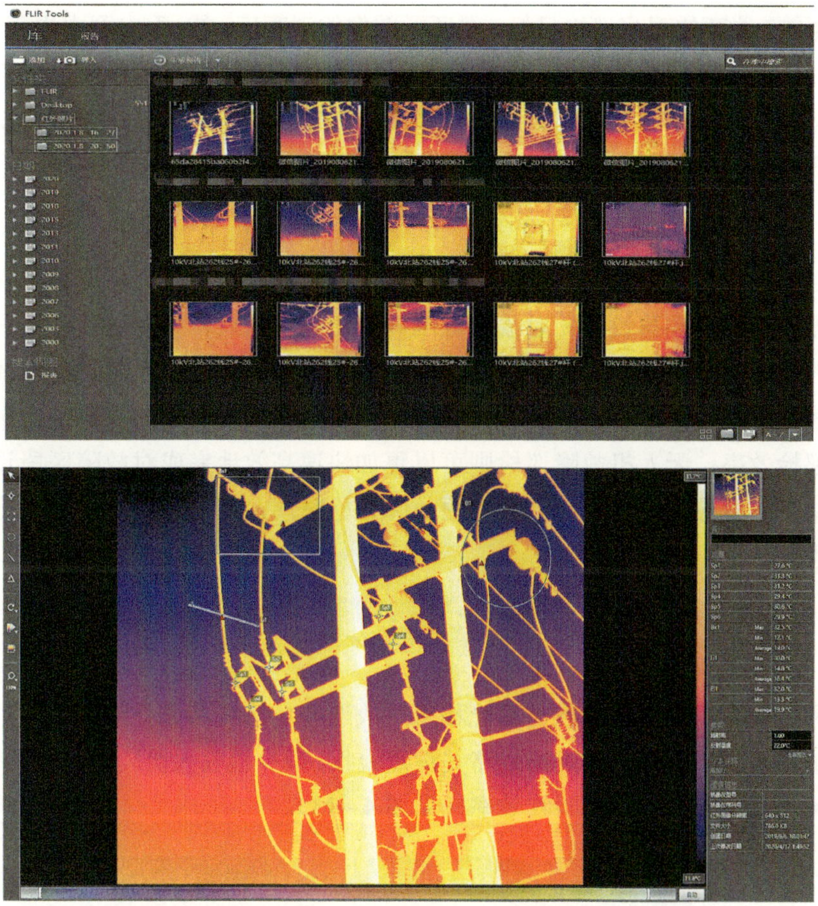

图 4-12　红外图片温度分析

表 4-7　无人机测温部件与缺陷类别

部件	一般缺陷	严重缺陷	危急缺陷
导线	导线连接处 75℃＜实测温度≤80℃	导线电气连接处 80℃＜实测温度≤90℃	导线电气连接处 实测温度＞90℃
线夹	线夹电气连接处 75℃＜实测温度≤80℃	线夹电气连接处 80℃＜实测温度≤90℃	线夹电气连接处 实测温度＞90℃
开关	导线连接处 75℃＜实测温度≤80℃	电气连接处 80℃＜实测温度≤90℃	电气连接处 实测温度＞90℃
配电变压器接头	导线连接处 75℃＜实测温度≤80℃	电气连接处 80℃＜实测温度≤90℃	电气连接处 实测温度＞90℃

总体来说，利用无人机搭载红外影像设备，所形成的红外影像具有以下特点：① 大气、云烟都可以吸收可见光和近红外线，因此如果在配电网巡检中使用普通摄像仪，所呈现出的图像不够完整，而红外热像仪则能够无视大气、云

烟的影响，清晰的观察巡检目标，保证了图像的清晰度；② 配电网中电气设备、线路对外热辐射能量的大小，与自身的温度有关。利用红外热像仪，能够对待测目标进行无接触的温度测量。这也是红外影像技术在无人机巡检中得以应用的关键所在。

（三）故障巡检

当配电架空线路发生故障确定架空线路故障范围后，采用多旋翼无人机挂载可见光或红外载荷设备，对故障范围内架空线路开展精细化巡检，可对可能发生的故障设备点进行实时、精确定位。故障人工巡检时，人员往往需要登杆查看线路金具、绝缘子、柱上开关等线路设备，在人力有限的情况必定带来较低的巡检效率；无人机故障巡检则可以更加快速高效地完成对故障区段设备的全面性多角度检查，这就能大大缩短故障巡检时间，减少停电时户数，增加供电可靠性。

（四）竣工验收管理

1. 可见光精准验收

利用多旋翼无人机搭载可见光相机对改造和新建线路进行精确位置拍摄，通过拍摄采集的图片进行现场线路关键点验收，减少验收人员爬杆验收等工作，确保验收人员安全，提高验收效率（见图 4－13）。

图 4－13 无人机可见光竣工验收

2. 激光雷达测量验收

在建设设计之初通过仿真技术进行线路建设仿真模拟，提前考虑地形、地貌、周边环境等相关因素，通过可视化的方式，更高效更准确的对新建线路进行规划设计，在验收阶段，利用无人机搭载激光雷达进行新建线路扫描，通过点云数据进行三维模型建设，精确测量导线间距、电过三维杆基础、拉线、树障高度，交跨距离等相关关键点，提高验收作业效率与准确性（见图 4-14）。

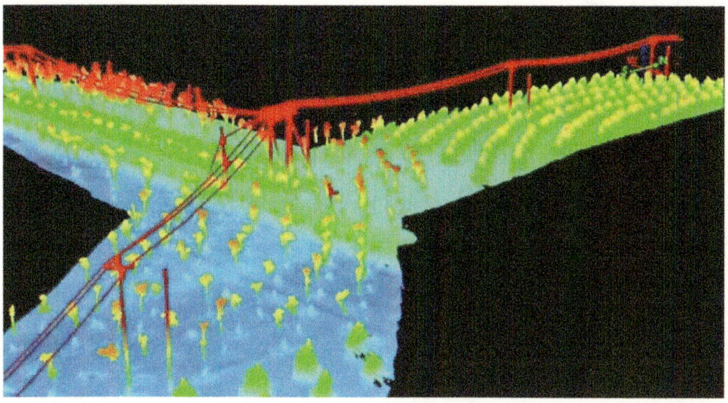

图 4-14 激光雷达测量验收

四、配电网无人机未来发展

1. 紫外精细化巡检

除可见光与红外成像设备之外，在无人机上还可以搭载紫外成像技术设备，当设备存在放电情况时，空气中的电子会不断获得和释放能量，而当电子释放能量时，紫外成像技术可接收设备放电时产生的紫外信号。紫外成像仪器集成到无人机上，通过无人机高空全局视角，能够精确定位电力设备电晕、电弧以及局部放电的位置。相较于红外巡检发现的大多为急需处理的紧急过温缺陷，紫外成像技术在电力设备仅发生微小放电情况时就能够被发现，从而给予运维人员有足够时间合理安排停电或者带电处理，避免引起更大的线路故障。目前输电线路无人机紫外巡检已在广泛开展中（见图 4-15），未来也会在配电网无

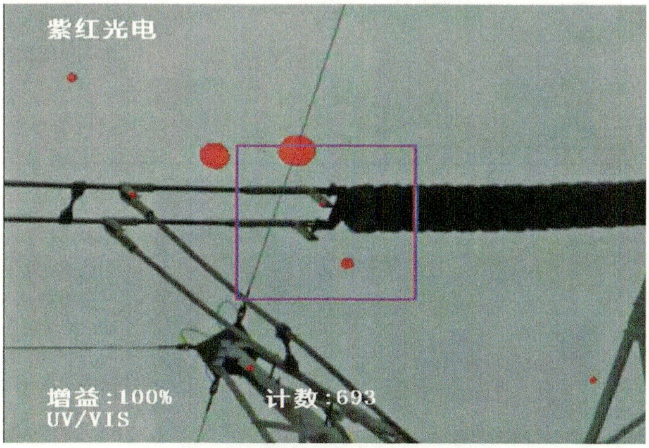

图 4-15 输电线路无人机紫外巡检

人机巡检工作中应用。

2. 自主精细化巡检

无人机实现自主飞行主要基于 RTK 定位技术，利用 RTK 高精度的导航功能，实现拟定航线的精准复飞与数据采集。该技术多主要以多旋翼无人机为飞行作业平台，巡检作业方式主要为线路本体自主飞行，根据塔型、杆塔附属设备类型及杆塔周边环境进行规划，飞行人员到达现场后，进行现场勘查，核对杆塔编号，并依据杆塔设备类型选择飞行航线，针对不同的缺陷，建立以下标准作业方式。

以直线杆及附属设备为例，自主飞行航迹采集方式如表 4－8 所示。

表 4－8　　直线杆及附属设备自主飞行航迹采集方式

拍摄部位编号	拍摄部位	实例	拍摄方法
1	左边相金具、绝缘子、挂点		拍摄角度：平视/俯视 拍摄要求：能够清晰分辨螺栓、螺母、锁紧销、绝缘子等小尺寸金具。金具相互遮挡时，采取多角度拍摄
2	中相左侧金具、绝缘子、挂点		拍摄角度：平视/俯视 拍摄要求：能够清晰分辨螺栓、螺母、锁紧销、绝缘子等小尺寸金具。金具相互遮挡时，采取多角度拍摄
3	中相右侧金具、绝缘子、挂点		拍摄角度：平视/俯视 拍摄要求：能够清晰分辨螺栓、螺母、锁紧销、绝缘子等小尺寸金具。金具相互遮挡时，采取多角度拍摄

续表

拍摄部位编号	拍摄部位	实例	拍摄方法
4	右边相金具、绝缘子、挂点		拍摄角度：平视/俯视 拍摄要求：能够清晰分辨螺栓、螺母、锁紧销、绝缘子等小尺寸金具。金具相互遮挡时，采取多角度拍摄

在通过人工示教、三维点云航迹规划的方式进行航迹标注，生成自主飞行航线后，系统将根据巡检任务，将规划好的航线文件传输至无人机，无人机根据既定航线，即可自主开展配电网架空线路精细化巡检工作。

利用无人机自主飞行技术，可以解决线路本体巡检工作量大、巡检频次高的问题，通过对自主飞行作业方式的规范与整理，建立航线标准库，使得周期性巡检得到复刻，降低作业人员的工作强度，提高巡检效率。

习 题

1. 简答：配电网无人机巡检相较于人工巡检有何优势？
2. 简答：目前配电网无人机应用场景有哪些？
3. 简答：配电网无人机精细化巡检有哪些种类？
4. 简答：配电网无人机精细化未来发展趋势有哪些？

第五章

案例分析

案例 1　隔离开关故障

1. 案例描述

某供电公司一条 10kV 支线隔离开关在进行夜间特巡时，发现 C 相隔离开关闸刀口严重发热（肉眼看见刀口发红），紧急停电处理。

2. 案例分析

办理事故处理相关安全措施后，在检修时发现，隔离开关合闸三相不同期，导致远离操动机构的 C 相闸刀动触头未进合到位，在运行时，负荷电流较大时出现发热。

3. 防范措施

在安装检修柱上隔离开关时，注意调整隔离开关合闸三相同期不大于 5mm，且远离操动机构侧相动静触头合闸同期应略小于其他两相。最后在操作时，注意观察分、合操作后的闸刀状况。

案例 2　变压器故障

1. 案例描述

某日 22 时，某供电公司接客户报修一台 SM11－315kVA 变压器跌落式熔断器 C 相熔断，变压器中性线桩头线夹发热烧红，变压器箱体渗油，低压负荷开关分离不清。现场停电检查后发现，是客户使用电锅炉烧水，负荷电流较大，变压器低压出线导线截面不能满足负荷要求，造成高压熔断器、变压器箱体、低压引线、低压负荷开关等多处发生严重缺陷，属于设备紧急缺陷。在查明缺陷原因后，立即处理，加大低压引线截面，更换损坏设备，紧固变压器密封垫，更换能满足客户负荷电流的熔断器熔丝，经过一系列处理，变压器顺利送电。此后，通过终端负荷监测和红外线测试，以及平时的监察性巡视，此变压器未发生任何问题。

2. 案例分析

本起故障主要原因是因低压导线截面过细不能满足负荷电流需要，连接部位严重发热，低压负荷开关选型不当，高压跌落式熔断器熔丝选择稍小而引发的一起配电变压器综合性故障。

3. 防范措施

（1）加强设备巡视和红外线测试，加强负荷电流检测和负荷管理。

（2）设备检修时，及时更换不合理部件，如开关、低压导线、熔断器或熔丝。

案例 3 变压器故障

1. 案例描述

某日 20 时，某供电公司接客户报修一台 SM11－250kVA 变压器高压跌落式熔断器 C 相熔丝熔断，变压器箱体渗油。停运变压器后更换熔丝，送非故障 A 相和 B 相时，变压器正常；拉开熔断器，送 A 相和 C 相时，C 相熔断器爆炸成火球，熔丝烧断。变压器停电后，测试变压器绝缘电阻，绝缘电阻小于 1MΩ。初步诊断是变压器受潮，C 相匝间短路，变压器无法运行，更换变压器后，用电正常。

2. 案例分析

本起故障主要原因是变压器内部发生故障（线圈受潮绝缘下降）；此外，设备维护单位未及时日常巡视及年度预试维护。

3. 防范措施

加强设备巡视和检测，经检测发现变压器内部有故障时，要严格按变压器常见故障处理方法进行。

案例 4 熔断器故障

1. 案例描述

雷雨天后，某变电站 10kV 线路出线断路器过电流保护动作跳闸。由于当时该断路器重合闸未投运，值班人员按照运行规程对该线路强行试送了一次，结果断路器再次动作跳闸，据此判断为永久性短路故障。抢修班对该线路进行紧急巡查，但检查后未发现线路有问题，随后用电监察人员对高电压用户进行检查，发现某厂专用变压器低压配电屏上负荷开关因雨水浸入低压配电屏，致使开关底板受潮，造成开关短路而烧毁。当断开为该厂供电的柱上变压器上的跌落式熔断器后，再试送，一切正常。该台柱上变压器为200kVA，但检查跌落式熔断器使用的是50A熔丝元件，3根熔丝全部完好，即柱上变压器的低压侧发生短路时，高压侧跌落式熔断器根本没有起到保护作用。

2. 案例分析

本起故障主要原因是技术管理有缺陷、跌落式熔断器的熔丝选择不当。通过计算，发现在低压负荷开关处三相短路时，三相短路电流起始值超过6.8kA，折算到10kV高压侧约为270A，该10kV线路在变电站出线处的断路器过电流保护整定值为248A，时限为0.3s，而下一级的该厂支路上的柱上变压器上的跌落式熔断器的50A高压熔丝在270A时最小熔断时间为1.5s。由此可见，在此级柱上变压器的跌落式熔断器的熔丝还未熔断时，上一级的断路器已动作跳闸，从而造成整条10kV线路停电。

3. 防范措施

加强配电变压器的技术管理，适当选择高压跌落式熔断器的熔丝，禁止使用铝丝、铁丝、铜丝等物体替代熔丝。对100kVA以下的配电变压器的跌落式熔断器的熔丝，按配电变压器高压侧额定电流的2～3倍选择；对100kVA及以上的配电变压器的跌落式熔断器的熔丝，按配电变压器高压侧额定电流的1.5～2倍选择。

案例5 熔断器故障

1. 案例描述

炎热夏日，某公用变压器因用电量急速上升，配电变压器过负荷，造成配电变压器跌落式熔断器的消弧管、灭弧罩烧坏，造成相间弧光短路，导致变电站开关速断跳闸。

2. 案例分析

（1）跌落式熔断器安装的角度（即消弧管轴线与垂直线之间的夹角）不合适，影响消弧管跌落的时间。由于熔丝附件太粗，消弧管孔太细，即使熔丝熔断，熔丝元件也不易从管中脱出，使管子不能迅速跌开；操动机构不灵活，触头弹簧片弹力不足，有退火、锈蚀、断裂等情况，熔断器的消弧管受潮膨胀而失效，造成不能迅速跌落。

（2）由于熔丝熔断后不能自动跌落，电弧在管子内未被切断，形成了连续电弧而将消弧管烧坏，消弧管上下转动轴安装不正，被杂物阻塞，以及转轴部分粗糙，因而阻力过大，不灵活，以致当熔丝熔断时，消弧管仍短时保持原状态不能很快跌落，灭弧时间延长而造成烧管。

（3）跌落式熔断器相间距离不足。

3. 防范措施

（1）对运行中的跌落式熔断器，要定期停电检查，调整各个触点及活动元件，检查和调整工作一般1～3年进行一次。

（2）检查跌落式熔断器的消弧管有无弯曲、变形；操动机构是否灵活，有无锈蚀现象，不能维修的熔断器，应及时更换。安装时的相间距离不小于0.5m，跌落式熔断器安装消弧管应有向下15°～30°的倾角，以利熔体熔断时消弧管能依靠自身重量迅速跌落。

案例6 变压器故障

1. 案例描述

某S11－500/10配电变压器进行无载调压后测试直流电阻时，发现双臂电桥零位指针不停地摆动，在重新处理电桥引线后阻值仍不稳定，切换到另一台变压器上测量阻值趋于稳定。对此，在吊芯后发现在分接开关触头有轻微烧伤痕迹，经检查后发现正是该台变压器的分接触头。在对烧伤点进行打磨处理，测量直流电阻正常后投入运行。

2. 案例分析

本起故障主要原因是该台变压器无载分接开关本身存在触头烧伤的缺陷，给设备运行带来隐患，另外该台变压器年度预防性试验没有按常规进行，未及时发现无载分接开关部位存在的缺陷。

3. 防范措施

新安装的变压器应购置正规厂家生产的合格变压器，保证变压器产品质量；此外，在日常维护中，除在调整变压器无载分接开关时要测量一次绕组的直流电阻外，还要加强变压器本身的预防性试验、大小修工作，及时检测一次绕组的直流电阻，以使变压器及附件始终运行在正常状态。

案例 7 电容器故障

1. 案例描述

某 10kV 配电变电站内 0.4kV 电容器补偿装置由于熔丝多次被熔断（3 个月以来依次被熔断，一直没有备件更换）。操作人员将电容器退出运行，由电工对已坏的熔断器进行更换，待熔断器更换完毕，操作人员按倒闸操作顺序依次恢复送电。操作人员在对电容器开关进行操作时，在合闸的一瞬间，电容器柜发出巨响，而开关没有跳闸。操作人员当即到电容器柜进行检查，发现 A 相电容器有一只电容器鼓肚，熔断器熔断；B 相有三只电容器鼓肚变形，熔断器熔断；C 相有一只电容器鼓肚变形，熔断器熔断。操作人员随即断开电容器开关，并短路接地。

2. 案例分析

对现场情况进行分析初步认为，这是一起由于操作过电压引起的电容器击穿鼓肚事故。首先对断路器进行继电保护测试，结果表明继电保护及开关均能保证动作；其次对现场损坏的电容器进行分析发现，所损坏的 5 只电容器均是被更换了熔断器又重新投运的电容器，故判断此次事故是由于电容器质量造成。因为电容器在运行时内部发生击穿，引起熔断器熔断，重新更换熔断器后投运时，其余各台电容器对已击穿的电容器进行放电，放电能量大，脉冲功率高，使得电容器油迅速汽化，引起鼓肚、漏油，熔丝再一次被熔断。

3. 防范措施

在电容器运行过程中发生高压熔丝熔断，应立即退出运行，对电容器进行绝缘耐压试验，如果发生绝缘下降或击穿，须立即进行更换。

案例 8 三相四线系统故障

1. 案例描述

某日，某供电公司客户服务中心收到大量客户投诉，反映某小区客户端电压升高（＞400V）或者很低（＜100V），家电不能正常使用甚至烧毁。运行单位立即组织对箱式变电站的检查和低压区线路的巡视。

经采用逐点排除法初步检查结果如下：

（1）低压线路没有断相线和中性线的痕迹。重复接地共 5 处，经测试全部合格并且连接良好。

（2）客户端经多点测试，确实和客户反映的一致。电压有高有低，部分客户家用电器电源部分烧毁，有的家中灯泡发黄、日光灯不能启动。

（3）箱式变电站仪表指示正常，因大量客户已经断开电源，负荷电流不大，三相电压指示平衡。

2. 案例分析

从现场来看，这是一起典型的三相四线系统中，中性线开路引起的中性点偏移、三相负荷不平衡而导致的三相电压高低不一的事故。而箱式变电站检查结果和线路检查结果均正常，焦点集中在中性线的连接问题上。在箱式变电站停电后，对变压器进行了详细的检查和测试，发现变压器三相绕组数据正常，但全部与中性线接线柱之间断路。根据该变压器的结构，初步判定故障点为变压器中性点与中性线连接处开路。

在对该箱式变电站进行了更换检修后，供电恢复正常。后来对该变压器吊芯检查时，发现三相绕组中性点铜箔引线与中性线连接铜柱连接处的紧固螺母未紧固，形成虚接。在三相负荷平衡时，连接处电流很小，不能造成故障。但当三相负荷严重不平衡时，中性点连接处流过的电流很大，致使连接不良处发热、烧损、开路，形成变压器的中性点与中性线开路故障。

案例 9 柱上断路器 FTU 故障

1. 案例描述

某配调中心发现某柱上断路器 FTU 频繁发送弹簧储能信号（储能与未储能），配电运检室现场检测未发现明显异常并汇报配调中心；当日 17 时，配电运检室再次询问配调中心，配调中心回复未再报异常信号。同时，配调中心发现该柱上断路器 FTU 遥信分合信号频繁上送，配电运检室现场检查一次设备无明显异常，但 FTU 内遥信分、合电压异常，导致遥信信号频繁误发送。

故障处理情况如下

（1）FTU 柜内带电检测。向调度申请全面检查该台 FTU，以确定遥信分合信号线及公共端连接是否存在故障。打开 FTU 通过万用表检测（见图 5－1），各节点均未出现明显断开迹象，但遥信合、遥信分信号电压均在 18～29V 之间波动。这导致即使断路器一直处在合位，当遥信合信号电压上升时终端就发送合信号，遥信分信号电压上升时终端就发送分信号，如此交替反复，则遥信误信号频发。

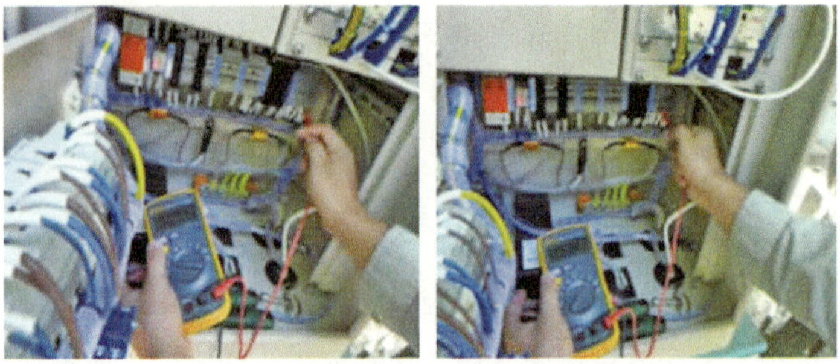

图 5-1　万用表检测

（2）柱上断路器停电检查。配电运检室向配调申请将该柱上断路器转检修，以彻底查清遥信合、遥信分信号电压异常波动原因。停电后打开断路器二次回路盒，检查其遥信分、合位辅助触点开关，未发现明显故障点。但发现该柱上断路器航空插头插拔端朝上，不符合安装工艺要求（朝下）。随后打开航空插头，发现由于其内部二次线路因长期浸水已大面积变色，且二次线遥信公共端插针已烧断，导致遥信回路长期处于悬浮状态（接触不良）（见图 5-2）。把航空插头插拔端改为朝下，并将遥信公共端重新焊接牢固后，遥信误发信号消失。

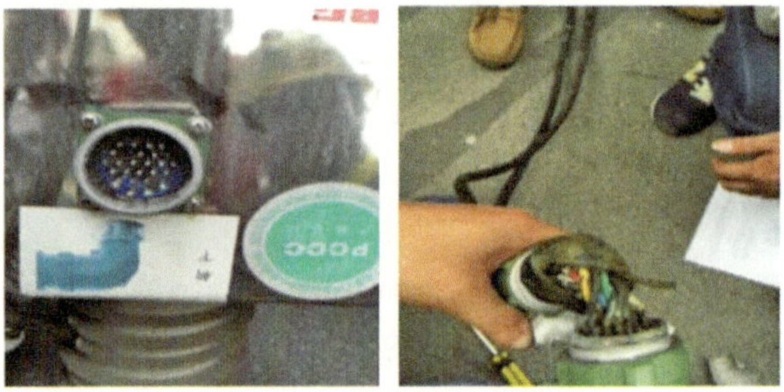

图 5-2　航空插头内部

2. 案例分析

该故障的主要原因是安装航空插头时拔插拔头端子装反，下雨时雨水直接渗入航插头内部，使各信号回路间绝缘下降，进而放电；长时间的放电最终使公共端端子烧断，各信号回路电压悬浮、极不稳定，进而频繁误发信号。

案例 10　局部放电异常整治

1. 案例描述

某网格运维人员在工作群中反应：某开闭所（与配电房合建）Ⅱ段母线 12

号间隔局部放电检测异常，超声波检测数值结果大于 20dB（见图 5-3），属于重大缺陷，此外，近期刚下过雨，附近几日环境湿度较大。

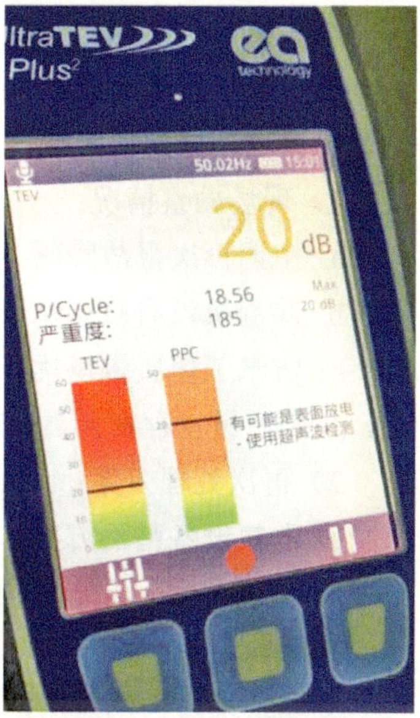

图 5-3 超声波局部放电检测

2. 案例分析

在了解情况后，第一时间作业人员和检测人员一同前往现场复测，考虑到是与配电房合建的开闭所，且变压器声音较大，在剔除掉环境影响因素后，通过超声波法复测的数值为 24dB，判定放电部位在母排，人耳贴在 12 号间隔后面母线位置的缝隙处，能听见“丝丝”的放电声音。

为保证该地区的正常用电，班组了解情况后，形成初步讨论方案，准备进行停电消缺处理。

站所环境是决定站所电气设备的运行状态的决定性因素之一，所以分析配电站所的实际情况，找出现场存在的问题，是局部放电异常整治的关键一步。通过现场勘察发现：

（1）该间隔以及其他间隔的二次仓内明显存在锈斑。

（2）该配电房唯一的一台空调报故障，未能正常工作，开闭所无除湿机。

（3）开闭所房顶、墙壁存在被雨水渗透的痕迹，墙体外皮脱落、发黄。

（4）室内电缆沟内未做防水，有潮湿的痕迹。

（5）配电房地面是瓷砖。

（6）开关间隔自带的除湿功能在 AUTO 上，功能正常。

综上，该配电房存在湿度大、防汛结构失效等问题，初步判断可能是站所环境较差，湿度大引起的母排放电。

事故处理过程如下：

（1）第一次停电处理。

1）配电房环境整治。主要包括配电房土建防汛的完善，屋顶重做防水，墙面重新粉刷，电缆沟重做封堵，维修站所内空调，新增一台除湿机，安放温湿度计。

2）电气设备整治。中置柜后仓打开后，将空间隔的母排拆除（锈蚀非常严重），再将需继续运行的间隔的母排以及附属设备进行打磨，并使用太阳灯将整段母排进行烘干。

处理结果：送电后复测，局部放电数值恢复正常。

（2）第二次停电。

第一次处理半年后，此处局部放电再次出现异常，转移至隔壁间隔，仍然是母排放电，局部放电数值、声音同第一次相似度很高。

1）现场勘察情况：

a. 空调再次报故障码。

b. 除湿机没有打出水孔，排出的水仍在室内。

c. 防汛工程质量堪忧，屋顶再次出现渗水痕迹、电缆沟内虽未发现潮湿痕迹，但是质量也存在问题，防水层出现脱落。

2）再次处理方案：

a. 电气设备整治方案，采用绝缘喷涂处理，见图 5－4。

b. 环境方案，维修空调并新增一台除湿机放在中置柜一侧。老除湿机采用水盆接水，定期倒水。

处理结果：长期监测，超声波局部放电数值稳定在 8dB 左右，下雨天稳定在 11dB 左右，见图 5－5。

（a）处理前

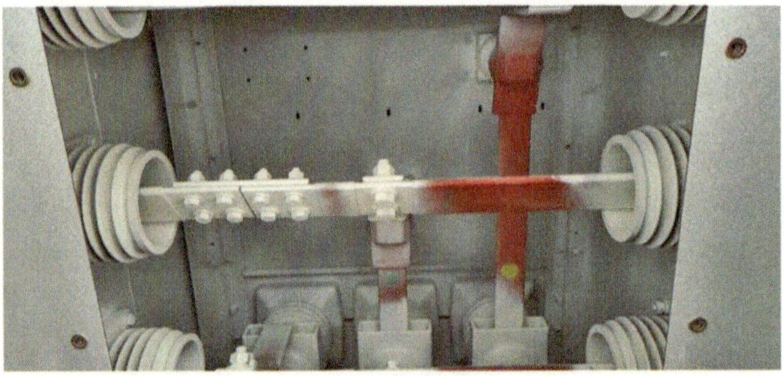

（b）处理后

图 5－4　绝缘喷涂处理

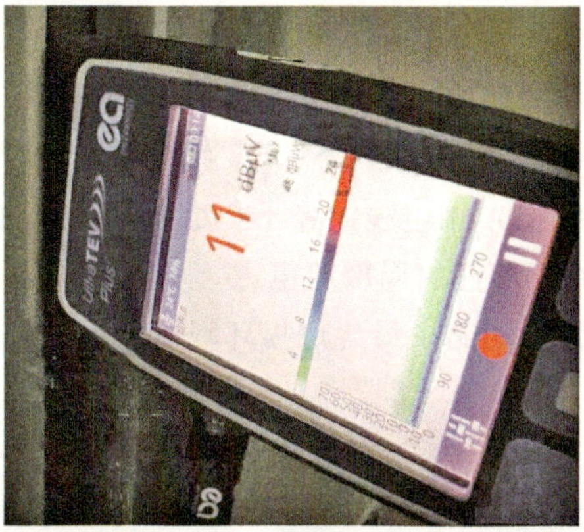

图 5-5 近期复测结果

案例 11 电缆终端头故障

1. 案例描述

巡检人员对 10kV 某配电站进行局部放电带电检测时，发现某Ⅱ回线 913 柜超声波超标，局部放电量达 25dB，TEV 检测数值正常，属于严重缺陷。定位后初步判断放电位置在三相电缆终端头位置，通过观察窗发现 A、B 相电缆 T 型头后封帽脱落，绝缘堵头外表面可见放电灼烧痕迹（见图 5-6）。根据放电等级和绝缘劣化程度严重，需停电开柜检查。

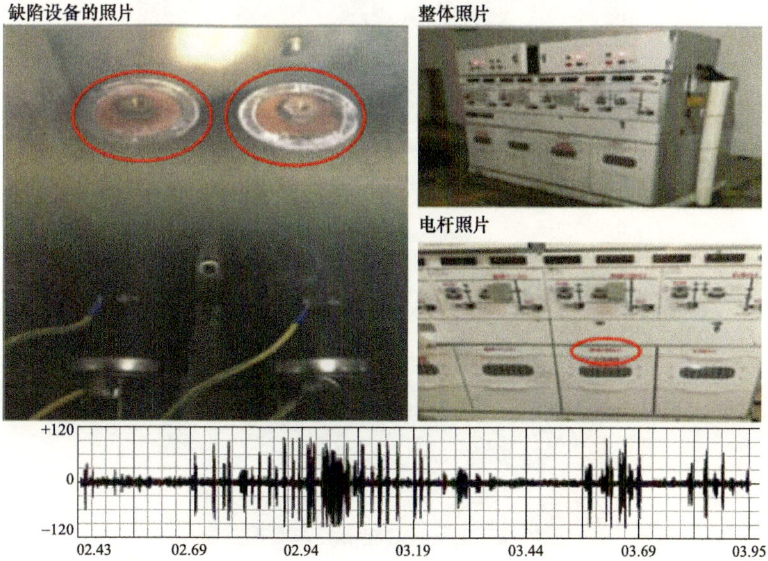

图 5-6 故障检测情况

拆除 913 间隔电缆 T 型头，取出电缆 T 型头后侧 A、B 相绝缘堵头，可见绝缘堵头有明显放电灼烧痕迹，表面已形成放电通道，通道内绝缘材质已碳化，电树枝放电几乎贯穿绝缘堵头（见图 5–7）。绝缘靴套内壁相应位置也发现电树枝灼烧痕迹（见图 5–8），A 相电缆铜鼻子和连接螺栓周边可见明显潮气侵入产生的铜绿（见图 5–9）。若任由局部放电进一步发展，势必将造成 T 型头绝缘降低，从而引起相间弧光短路，最终烧损环网柜。

图 5–7　拆下的绝缘封堵与更换的绝终堵头对比

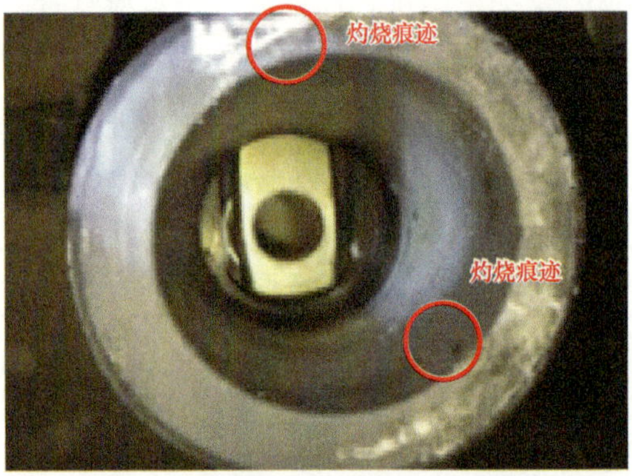

图 5–8　绝缘靴内部灼烧痕迹

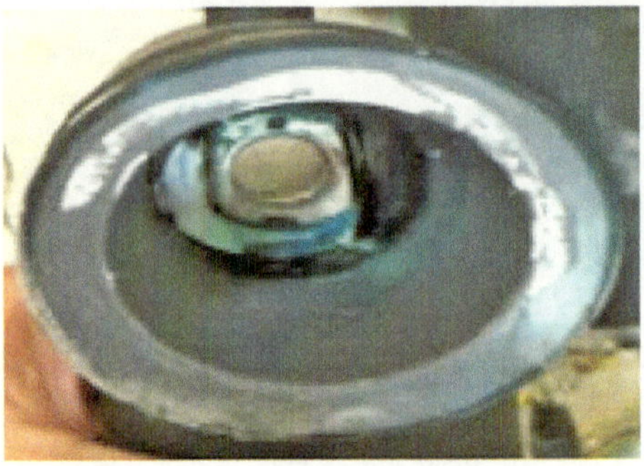

图 5–9　绝缘靴潮气侵入产生铜绿

从电缆 T 型头绝缘堵头安装工艺来看，在电缆压接头通过双头螺丝和专用螺母固定好后，绝缘堵头外侧和绝缘靴内侧应均匀涂抹硅脂，然后盖上绝缘堵头，并把绝缘堵头旋钮紧固，确保电缆搭接头与环网柜插座导电接触良好，同时确保绝缘靴与绝缘堵头之间配合界面绝缘密封良好。结合本次缺陷情况，可以判断绝缘靴与绝缘堵头间的配合界面已失去绝缘密封作用。

2. 案例分析

根据上述电缆 T 型头解体情况，可推断缺陷由以下原因引起：

（1）由于电缆附件厂家提供的绝缘硅脂质量不佳、流动性不良，施工过程中涂抹量少等原因造成 T 型头内部与绝缘堵头间配合界面上的硅脂分布不均匀，密封效果不理想。在配合界面气隙处容易因绝缘薄弱产生局部放电现象。同时，外界潮气因为呼吸作用通过密封不好的配合界面进入接头内部，由于水和硅脂混合后在放电时会产生电化学作用，形成电树枝。

（2）后封帽脱落后，在长时间运行情况下硅脂易于涩，进一步导致密封失效，绝缘靴腐蚀产生化学方应，加速局部放电发展的速度。

由于局部放电已损伤到 913 间隔电缆 T 型头主绝缘，所以现场采用了重新制作电缆 T 型头的消缺方案。消缺送电后进行复测，原有局部放电现象消失（见图 5－10）。

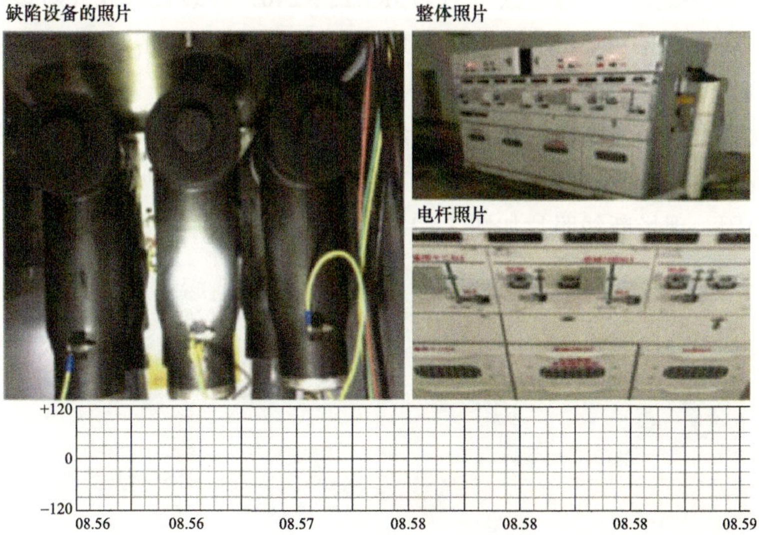

图 5－10 试验复测情况

3. 防范措施

（1）加强电缆 T 型头施工质量验收把关。验收时应注意 T 型头连接螺栓和绝缘堵头紧固时是否采用固定力矩扳手，是否已拧紧到位；电缆是否采用抱箍固定，电缆接头是否承受重力或扭力；T 型头绝缘堵头密封是否严密；T 型头屏蔽线螺丝是否接牢；绝缘靴后封帽是否安装到位等。

（2）开展新投运环网柜带电检测。要求在环网柜投运 1 个月内开展局放带电检测，及时发现及处理电缆 T 型头连接螺栓未紧固到位、绝缘靴和绝缘堵头硅脂涂抹不均匀等较为隐蔽的施工工艺问题，确保新投运设备“零缺陷”运行。

（3）推进在运环网柜专项巡检和局放带电检测全覆盖。根据放电等级和绝缘劣化程度进行综合评估，必要时安排停电消缺，提升设备健康水平。

案例 12　雷击断线故障

1. 案例描述

某日 13 时 02 分，某 10kV 线路 40 号杆遭受雷击，A、B、C 三相断线。15 时 31 分，拉开该线路 41 号杆断路器及其隔离开关。17 时 27 分，该线路 41 号杆断路器下段线路转检修，对断线故障进行抢修施工。次日 16 时 43 分，该线路 39～40 号杆断线抢修竣工，恢复送电正常。该 10kV 线路为混合线路，以架空线为主，原为裸导线，后来进行了杆线迁移，同时将原裸导线更换为绝缘导线，改造后主线架空绝缘导线型号为 JKLYJ－240，并装设直线杆防雷绝缘子，型号为穿刺型 FEG－12/5，耐张杆为 FXG8－10/70 复合防雷绝缘子。

2. 案例分析

此次雷击断线发生在耐张杆上导线与耐张线夹连接处，该 10kV 线路采用的是剥皮型耐张线夹，施工过程中未对绝缘导线进行剥皮处理是导致此次断线的主要原因。现场断线照片如图 5－11 所示。

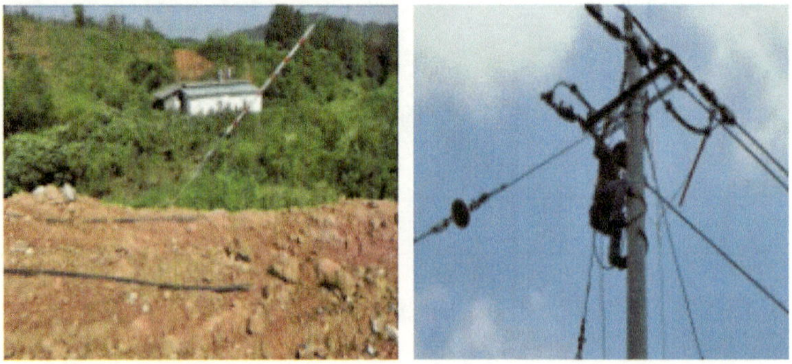

(a) 拉线下部　　(b) 拉线上部

图 5－11　断线情况（一）

(c) 断线夹现场图 1

(d) 断线夹现场图 2

图 5-11 断线情况（二）

案例 13 柱上变压器故障

1. 案例描述

某日 14 时 25 分，接到通知某 3 号变台控制箱着火，14 时 40 分，供电公司应急队伍达到事故现场，立即将现场情况汇报应急指挥中心。14 时 55 分，消防部门将火扑灭，供电公司全力展开电力抢修复电工作，对烧损的 3 号变台进行拆除，将变压器所带的一个三相进户负荷转移至正常运行的 4 号变台带出（此三相用户无报修），负荷带出后电压正常。18 时 30 分，抢修作业结束。3 号变台全部拆除。对 4 号变台进行测量，电压、电流在正常范围内，作业人员撤离现场。现场照片如图 5-12 所示。

图 5-12 现场照片

2. 案例分析

该 3 号变压器负荷情况：全日轻载运行，由于该地区为拆迁区域，所带居民已全部搬迁。现该处变台只带一处负荷，用电容量 15 k/r，变台带出的低压导线型号为 JKLY－Ⅰ－4X252 绝缘线，供电半径为 40 米。该日天气为晴，温度为－2～－6℃。

现场变台控制箱全部烧毁，为此次事故烧毁最严重的地方，根据现场情况和目击者提供的信息，确认变台控制箱为起火的源点。由于近日来，气温回升冰雪融化，控制箱电器部件受潮，壳体膨胀，导致绝缘性能降低，造成电气设备与低压母线链接点局部过热，再加上控制箱内部结构紧凑狭小，通风不良，不能有效散热，引燃箱体内导线外皮产生明火，同时将箱内电容器（易燃品）引燃。由于控制箱材质不是耐火材料（箱门为工程塑料属易燃品），明火迅速引燃控制箱，控制箱箱体助燃火势，导致事故扩大烧损了变台正上方的变压器，同时在高温作用下使变台承重槽钢变形，变压器倾斜严重，由于变压器底脚与承重槽钢螺丝连接紧固，没有造成变压器掉落地面。

案例 14　电缆故障

1. 案例描述

（1）故障过程描述。某日 15 时 21 分，接调度通知 110kV 某变电站 10kV 某线 308 线路过电流Ⅰ段动作，重合闸未投，随即供电公司迅速组织人员进行现场查线。

20 时 17 分，现场查线无异常，未发现明显故障点，试送中政线失败。

20 时 25 分，对电缆设备分段试验以确定故障段，22 时 53 分，试验确定为变电站出线电缆故障，随即将全线负荷转另一线路供电（两线为互联线路）

次日 9 时，对故障电缆进行故障点精确定位，发现两处电缆故障点，电缆击穿，随即供电公司对两处故障点进行制作中间接头处理。

次日 23 时 20 分，故障处理完毕，线路线恢复供电。

（2）试验检查。试送失败后，对线路电缆设备分段试验，发现线路出线电缆三相绝缘为零，其余设备试验正常，故判断故障点位于变电站出线电缆段。现场试验照片如图 5－13 所示。

（3）故障定位。在确定故障点位于变电站出线电缆后，供电公司开始电缆故障点查找精确定位（见图 5－14 和图 5－15），在道路边一手孔井内发现第一处故障点，该处故障点为电缆破损处，此处为单相绝缘击穿。把该处故障点开断后发现电缆前端还存在故障点。随后发现该处电缆段第二个故障点，该处故障为相间对地绝缘击穿。

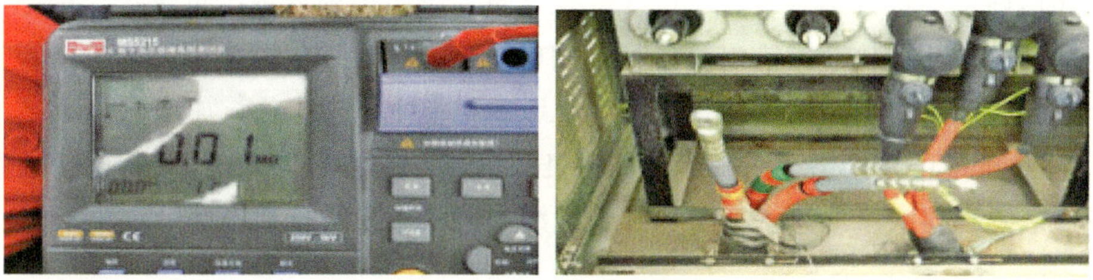

图 5－13　现场试验情况

图 5－14　第一处故障点

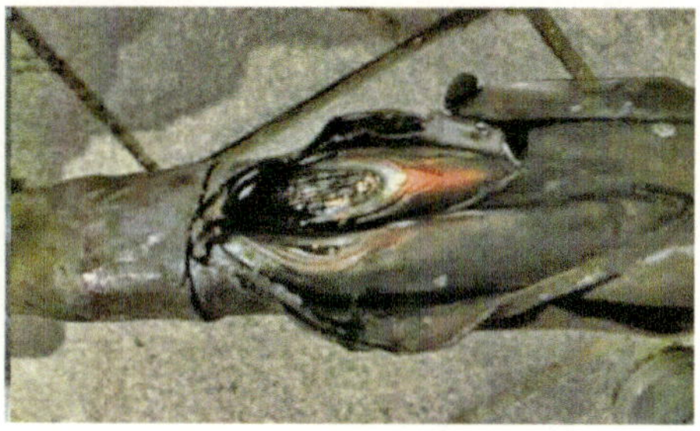

图 5－15　第二处故障点

2. 案例分析

（1）解体检查。故障点查到后，供电公司对故障点进行解体检查，深度分析确定故障原因。针对第一处故障点，发现该段电缆破损严重，故障击穿点正好是电缆破损严重的地方。电缆解体后发现电缆钢铠及铜屏蔽均严重腐蚀（多处已粉末化）。第二处故障点为一中间接头，故障情况为相间对地短路，对该电缆接头解体后发现中间接头进水严重。解体检查如图 5－16 和图 5－17 所示。

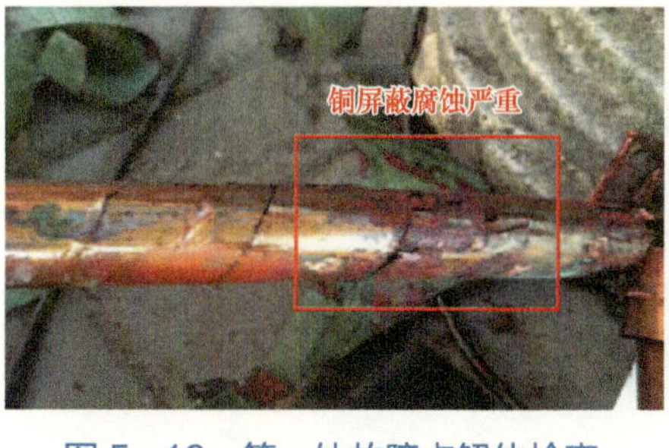

图 5－16　第一处故障点解体检查

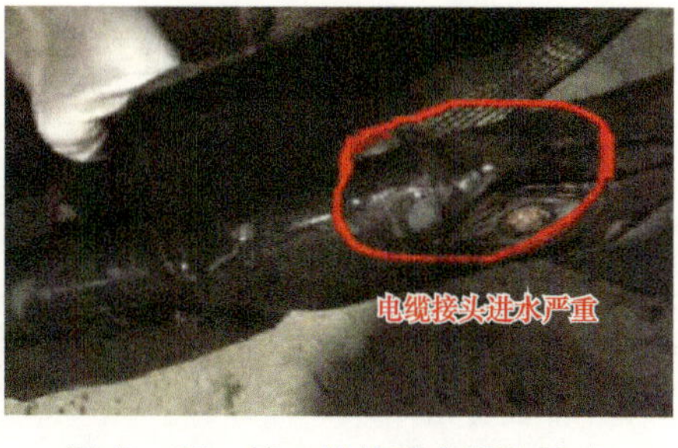

图 5－17　第二处故障点解体检查

（2）原因分析。通过调度信息及 EMS 系统查询所得，故障前，该线路负载为 68%，电缆承受的电压为 9.9～10.1kV，故排除过电压及过电流情况，根据设备情况分析入下：

1）该线路建设初期电缆敷设时，存在野蛮施工情况，故障查找过程中对电缆通道内电缆进行巡查时发现电缆破损严重，导致电缆内部严重进水，钢铠、铜屏蔽腐蚀粉末化，影响电缆运行期间电场分布，形成电荷集聚，影响电缆安全运行。同时由于腐蚀情况一定程度上造成电缆主绝缘劣化，加速电缆老化。

2）电缆中间接头存在制作工艺不良的情况，通过对电缆中间接头解体检查发现故障点接头电缆进水严重，导致电缆中间接头短路接地。

参 考 文 献

[1] 国网天津市电力公司. 架空输电线路无人机巡检技术培训教材. 天津：天津大学出版社，2019.

[2] 孙毅，无人机驾驶员航空知识手册. 北京：中国民航出版社，2014.

[3] 国家电网公司. 国家电网公司电力安全工作规程（配电部分）（试行）[M]. 北京：中国电力出版社，2014.

[4] 国家电网公司人力资源部. 国家电网公司生产技能人员职业能力培训专用教材 配电线路运行 [M]. 北京：中国电力出版社，2010.

[5] 国家电网公司运维检修部. 配电网工程工艺质量典型问题及解析 [M]. 北京：中国电力出版社，2017.

[6] 熊卿府，等.《国家电网公司生产技能人员职业能力培训专用教材 配电线路检修》. 中国电力出版社，2010. 12.

[7] 电力行业职业技能鉴定指导中心. 配电线路. 北京：中国电力出版社，2008.

[8] 胡培生，丁荣. 配电技术与工艺培训教材：配电线路 [M]. 北京：中国电力出版社，2006.

[9] 国家电网公司. 供电可靠性管理实用技术 [M]. 北京：中国电力出版社，2008.

[10] 马志广. 实用电工技术 [M]. 北京：中国电力出版社，2008.

[11] 史传卿. 供用电工人职业技能鉴定培训教材：电力电缆 [M]. 北京：中国电力出版社，2006.

[12] 余虹云，李以然，蒋丽娟. 10kV 开关站运行、检修与试验 [M]. 北京：中国电力出版社，2006.

[13] 王秋梅，金伟君，徐爱良，钟新华. 10kV 开闭所设计、安装、运行和试验 [M]. 北京：中国电力出版社，2008.

[14] 史传卿. 供用电工人职业技能培训教材·电力电缆 [M]. 北京：中国电力出版社，2006.

[15] 李宗廷，王佩龙，赵光庭，等. 电力电缆施工手册 [M]. 北京：中国电力出版社，2002.